モビリティをマネジメントする

Mobility Management

コミュニケーションによる交通戦略

藤井聡・谷口綾子・松村暢彦 編著

学芸出版社

はじめに

この本は、「モビリティ・マネジメント」についての本です。

しばしば「ＭＭ」などとも訳されるこのモビリティ・マネジメントとは、一言で言いますと、何らかの「**交通（モビリティ）**」を、**試行錯誤しながら「改善（マネジメント）」していこう**、とするものです。したがって、それを進めるうえでもっとも大切なことは、交通の問題を「技術」や「理屈」の問題として捉えるだけでなく、経営学を提唱したドラッカー博士が言うところの「**マネジメント」の問題として捉える**という点にあります。

つまり、モビリティ・マネジメントでは、それぞれが抱えている交通にかかわる悩みや問題を解消するために、**関係する人々と話し合い、コミュニケーションを図り、調整しながらあれこれ工夫を重ねつつ少しずつ前進していきます。**

では、そんなマネジメントをどう始め、どう進めていけばいいのか――本書では、そういう疑問に答えるために、日本国内のさまざまな「成功事例」を紹介していきたいと思います。

たとえば、公共交通を活用して賑わいある「まち」をつくっていきたい、という「**交通まちづくり」をやってみたいと考えている方々はぜひ、第1章**をご覧ください。そもそも、交通まちづくりをやろうと思い立った途端、じつにさまざまな問題に悩まされるはずです。ですが、そんなさまざまな悩みも、公共交通の利用者が増えれば、少しずつ緩和、解決していくはずです。あるいは関係者とじっくりと話し合うことで、お互いの誤解が解け心が少しずつ一つになって、モビリティを皆と協力しながら少しずつ改善していくことが可能となるはずです。そんな、地道な改善作業をどう立ち上げ、何をしていけば良いのか――京都での「成功事例」を紹介した第1章をご一読いただけば、そうした諸点をご理解いただけるものと思います。

あるいは、**地方での「バス」の活性化やローカル鉄道での活性化**について悩んでおられる方は、ぜひ、**第2章**、**第3章**をご参照いただきたいと思います。とりわけ、年々乗客が少なくなり、事業の継続、会社の存続すら危うくなっているような事業者や自治体の方にはぜひ、これらの章にお目通しいただきたいと思います。利用者との適切なコミュニケーションを中心としつつ、小さなことからコツコツと、適切に進めることで、利用者減を食い止め、着実に**利用者を増やしていくことに成功したいくつかの実例**をご紹介します。

また、いろいろな「望ましい交通のあり方」を**学校教育の現場で子どもたちに考えさせ**、それを通して子どもたちの社会性を育むと同時に当該地域のモビリティを改善していくことを目指したいとお考えの方は、ぜひ**第4章**をご参照ください。こうした教育は、長期的には当該地域のモビリティの改善にきわめて本質的な影響を与えることになります。

一方、「**交通渋滞の解消**」にマネジメントの基本である「コミュニケーション」や「関係者間の調整」を適用し、新しいタイプのTDMを実施してみようとお考えの場合は**第5章**をご参照ください。さらにはそうしたマネジメントの考え方を中心市街地活性化、放置駐輪対策、景観改善、防災行動などのさまざまな問題に適用してみることにご関心の方は、**第6章**を参照いただければと思います。

――このように本書は、さまざまな「成功事例」を語ることを通して、「モビリティ」に関してさまざまな問題を抱えた方々お一人お一人に、その悩みを解決するヒントを提供しようとするものです。ぜひ、ご関心のところからだけでもご一読いただき、皆様のそれぞれの「現場」に本書のアイディアやヒントをご活用いただければ、たいへんうれしく思います。


京都大学大学院教授・内閣官房参与・(一社)JCOMM代表理事　藤井聡

もくじ

contents

contents

序章

「モビリティ・マネジメント」とは何か

モビリティ・マネジメントの始め方／進め方

モビリティ・マネジメントとは何か?

「モビリティ・マネジメント（MM、Mobility Management）」とは、文字どおり**モビリティ（交通）をマネジメント（改善）する取り組み**を意味する。つまり、**それぞれの地の交通を、人と組織と社会の活力を通して、少しずつ「改善」していく取り組み**が、モビリティ・マネジメントである。

そもそも、さまざまな地での「交通」すなわち「モビリティ」は、じつにさまざまな問題を抱えている。

都市部を中心に、日本中の多くの道路が混雑している。

地方都市では、鉄道やバスの利用者離れが進み、バスや鉄道の事業者の多くが深刻な経営難に陥っている。

その結果、多くのバス路線や鉄道路線が廃線となり、地域のモビリティが失われ続けている。

同時に、電車やバスの利用者離れと、それを促したクルマ利用の増進、すなわちモータリゼーションの展開は、それぞれの都市での人々の流れを「都心」から「郊外」へと様変わりさせた。結果、かつて賑わいを見せた**中心市街地は著しく衰弱**し、都市の郊外化が進み、最終的には、地域経済、地域社会が根底から瓦解するほどの大きな被害がもたらされている。それはむろん、地方自治体運営に深刻な打撃を与えることとなっている。かくして、今や交通、モビリティの問題は、さまざまな地域における「まちづくり」におけるもっとも重要な課題となっている。

モビリティ・マネジメント、MMとは、まさにこういう問題の改善を願う人々が**いかに振る舞うべきなのか**を指し示すものなのである。

「もしドラ」に見るMMのかたち

MMを具体的に実践するうえでミソとなるのが、「マネジメント」という言葉の理解である。「マネジメント」は日本語ではしばしば「管理」と訳されることもあるが、これでは、その意味はほとんど正確に伝わらない。

「マネジメント」という言葉の意味を理解するうえで役に立つのが、元AKB48の前田敦子主演の映画にもなったベストセラー小説『もし高校野球の女子マネージャーがドラッカーの「マネジメント」を読んだら』[注1]、略称「もしドラ」である。

そして、**この「もしドラ」の主人公であるマネージャー「みなみ」の取り組みやその姿勢こそ、本書を手に取り、MMを実践しようとしている方々が参考とすべき、最良の手本の一つなのである。**

「もしドラ」の舞台は東京のごく普通の都立高校である。その野球部は、甲子園出場など夢のまた夢の弱小野球部であった。主人公の「みなみ」は縁あってそんな野球部のマネージャーになるも

注1 岩崎夏海『もし高校野球の女子マネージャーがドラッカーの「マネジメント」を読んだら』ダイヤモンド社、2009年

のの、部員の大半はやる気がなく、甲子園出場にはほど遠い状況であった。しかしみなみは「甲子園出場」という大きな目標を立てる。そしてまず、自身の役割である「マネージャー」とは何だろうかと考え、**ピーター・ドラッカーの古典、『マネジメント』**[注2]を読む。そして彼女は、この『マネジメント』に書かれたドラッカーの考え方を、野球部のマネジメントに活用していく。

彼女がまず第一に考えたのが、野球部員の「やる気」つまり「動機」を引き出すことであった。そのうえで彼女は、「まずは今、できること」を一つ一つ、着実に、一生懸命こなしていくという大方針を立てる。そして手始めに、部員一人一人の実情を「個別面談」を通してつぶさに把握し、それぞれの部員の実情にあわせ、やる気を引き出させ、それと同時に個々人のスキルを向上させる取り組みを重ねていく。

こうして、野球部の雰囲気を少しずつ改善していくことに成功していく。結果、一定の成果が出るようになると、今度はその結果が、部員たちのさらなるやる気を引き出させる。そうなれば後は、やる気と実力が、相互に高めあいながらスパイラルアップしていく。その結果、かつてのダメダメ野球部が、甲子園に出場するまでに漕ぎ着ける——というストーリーである。

MMをこれから始めようとする人も、多くの場合、ちょうどこの『もしドラ』のマネージャーみなみのように、問題だらけの「モビリティ」の実情に愕然とした気持ちに陥っているに違いない。そして、みなみと同様、目の前に広がる問題を片づけ、地域のモビリティを改善するという「目標」を掲げていることであろう。

この時、その目標と現状との間の、あまりに大きな乖離ゆえに、自分自身のやる気がなえてしまっては——、『もしドラ』のような成功へは絶対に到達することができない。

注2 ピーター・F・ドラッカー『マネジメント［エッセンシャル版］—基本と原則』ダイヤモンド社、2001年

ここで重要なのは、みなみのように、**「目標を強くイメージしつつ、今、できることを一つ一つ着実に実践していく」**という戦略を採用する点である。いわば、「Think Globally, Act Locally」（大局的に考え、局所的に実践せよ）ということである。

MM、ひいては、交通行政や交通事業のコツは、まさにこの一点にある。今、できることを、着実に、そして、**あきらめずに持続的に続けていくことこそ**が、MMの要諦なのである。

マネジメント成功の第一歩は、「成功物語」をイメージすること

そんなマネジメントを持続していくために、絶対に欠くことができないのが、「**目標**」である。もしドラの例では、「みんなで甲子園に行こう！」という明確な目標があった。この目標があったからこそ、野球部員全員の気持ちが一つになり、いろいろな努力を重ねていくことが可能となったのである。

ただし、みなみがまず強固にイメージし、その後、野球部員たちが共有したものは、「目標」というよりも、「成功に向かうストーリー」、すなわち「**成功物語**」と言ったほうがより正確だろう。つまり、彼女、彼らが共有したのは、次のような成功物語だったのである。

「今の野球部は、甲子園になんて絶対に行けないダメな野球部だ。だけど、皆でこころをあわせて努力すれば、必ず甲子園に行ける。だから皆で甲子園に行けることを信じて、協力し合って、自分たちの欠点を少しずつ直していこう。そして、甲子園に行こう！」

そしてこの成功物語を、一言で表現したものが「みんなで甲子園に行こう」という目標だったのである。逆に言うなら、目標という言葉は常にその裏側に、「ダメ現状から成功に向かう成功物語」を想定するものである。

では、MMにおける目標、あるいは成功物語とは何かと言えば、一言で言えば、**「モビリティの改善」**である。

ただし、この目標は、状況によって、立場によってさまざまである。

特定交差点の「渋滞の緩和」というケースもあるだろう。

「中心市街地の賑わいを取り戻す」というケースもあるだろう。

あるいはより直接的に、バス事業、鉄道事業の「経営改善」というケースもあるだろうし、より抽象的な「温室効果ガスの軽減」というケースもあるだろう。

これらのケースはすべて、それぞれの意味で「モビリティの改善」を意味している。

ただし、MMにおいては、しばしば、これらを組み合わせた目標を設定することが多い。

つまり、人々のクルマ依存傾向を少しでも下げて、クルマから公共交通へと転換（つまり、**モーダルシフト**）させれば、公共交通も活性化して、駅前の賑わいの状況も改善し、道路渋滞も減って、CO_2も減少する。…そんな「交通まちづくり」を、皆で目指そう、というケースである。このようなより包括的、かつ、より高い目標を掲げれば、さまざまな人々、組織の力を活用し、互いに協力しながら、マネジメントを展開していくことが可能となる。

マネジメント成功の第二歩は、成功物語を皆で「共有」すること

では、そんな成功物語を現実化させるマネジメントにおいて、もっとも大切なことはなにかと言えば、それは、そこに関わっている人々、一人一人の**「気持ち」**である。『もしドラ』で、かの野球部が甲子園に行けたのは、「みんなで甲子園に行こう！」という目標、成功物語を皆で共有し、皆のこころが一つになったからだ。

同様に、ＭＭの成功においても、モビリティに関わるすべての人が、モビリティの改善という**目標、成功物語を共有することが重要**だ。

そもそも、それぞれの地域のモビリティは、それに関わる人々の気持ちのありようによってまったく違ったものになる。

もし仮に、多くの人々がクルマではなく公共交通を使うという「気持ち」になれば、渋滞は解消し、公共交通は活性化し、駅周辺の商店街は賑わいを取り戻すことになる。あるいは、バス事業者の職員やモビリティ関係行政者が皆、前向きに、地域住民のモビリティ改善のために全力を尽くすという「やる気」を持てば、モビリティはおおいに改善する。

ＭＭはこのように、モビリティの良し悪しは、それに関わる人々の気持ちに直接依存しているという一点をすべての取り組みの大前提に据える。つまり**モビリティ改善を「人々の気持ちの問題」として捉え直すのがＭＭ**なのである。

もちろん、モビリティ改善のためには、技術も資金も必要だ。しかし技術や資金がいくらあっても、それに関わる人々のやる気がまったくなければ、モビリティは一切改善しない。逆に、関係者にやる気さえあれば、仮に技術や資金がなくても、技術や資金を「集める」ところから少しずつ取り組みを始めることができる。その意味で、モビリティが改善していくうえで、人々の「気持ち」は、絶対的に必要な条件であり、すべての源なのである。

たとえば、もしドラの例で言うなら、みなみがいの一番に行ったのが、個々の部員との**個別面談**であったという一点を思い起こしてみよう。野球部の強さ弱さは部員一人一人の「やる気」「動機」の水準にかかっているのであり、したがって、みなみは、一人一人のやる気を起こさせるためには、何が必要なのかを明らかにするために、個人面談を行ったのである。ＭＭの成功において重要なのは、こうしたそれぞれの人々の気持ちに配慮する姿勢と、それに裏打ちされた「コミュニケーション」なのである。

まずは、目標＝成功物語を共有できる中心メンバー・組織をつくる

さて、そのような「認識の共有」を図るにおいて、もっとも重要となる第一ステップは、いわば、MMを一緒に進めようとする仲間（あるいは味方）を、一人でも二人でも、身の回りにつくっていく事である。

『もしドラ』のみなみにしても、少しずつ目標を共有する野球部員や関係者を増やしていったことが、彼女の成功における重要な一ステップであった。同じように、現状の何が問題で、そして、それを改善する方法は実際に存在しており、それを地道に続けていけば、その問題は、改善、解消に向かっていく――という認識を共有する人物を、同僚や部下、あるいは、他の組織の協力者たち、そして何よりも重要なのは上司のなかに作りあげていくことである。

これはいわば、関係者に対する非公式な〝**コミュニケーション**〟が、MMの第一歩においてきわめて重要なものとなっている、ということである。

ちなみにそうしたコミュニケーション過程、調整過程は、一般に「**政治**」**と呼ばれる過程そのもの**である。したがって、行政官や交通専門家のみならず、首長や議会、代議士等が、MMの展開において枢要な役割を担う存在となることは、**必然**なのである。

いずれにしても、こうした取り組みを通して、MM担当者、MM担当部局、あるいはMM推進の地域協議会、等が形成され、かつ組織内で十分に問題意識、目標意識が共有されていれば、MMにあたって、きわめて強力な推進力が得られ、モビリティ改善という実際的な成果が「**生み出されて**

いく」ことになるのである。そうしたプロセス、あるいは、実践物語を繰り広げていくのが、MMである。

なお、『もしドラ』で引用されているドラッカーは、著書『プロフェッショナルの条件』のなかで、この点について次のように直接的に言及している。「企業、政府機関、NPOのいずれであれ、マネジメントの定義は一つしかありえない。それは、人をして何かを生み出させることである」。つまり、一般公衆から関係者にいたるさまざまな人々に、モビリティについてさまざまな成果を生み出させることこそが、MMの要諦なのである。

「公衆」とのコミュニケーションが、MM成功の鍵

ところでMMにおいて求められるコミュニケーションは、こうした「組織内」に対するものだけではない。モビリティが一般公衆の一人一人の行動によって形作られていることを踏まえるなら、広く、**一般公衆一人一人のこころに働きかけるコミュニケーション**が肝要となる。

もちろん、何千、何万、何十万という人々で構成される一般公衆と、きめ細やかなコミュニケーションを図っていくことは、容易ではない。

しかし、一般公衆とのコミュニケーションが「容易でない」がゆえに、これまで、それを目指した取り組みがほとんど「実践されてこなかった」という実情がある。

ここに、公衆とのコミュニケーションが大きな成果をもたらしうるポテンシャルを見いだすことができる。つまり、これまでほとんど実践されてこなかったからこそ、「しっかり」と取り組めば、大きな効果が得られる可能性が、そこに潜在しているとも言えるのである。

実際、このMMの取り組みを始めた欧州各国では、「**過剰なクルマ利用を控え、できるだけ公共交**

通を使うことで、皆が豊かな暮らしになれる」というイメージを一般公衆と共有するための大規模なコミュニケーション施策を展開し、大きな成果を上げているし、後に示すように、**日本国内でも、さまざまな都市で具体的な成果が**得られているのである。[注3]

一人一人の小さな変化が、モビリティの大きな変化をもたらす

もちろん、一般の公衆とのコミュニケーションを通して、事業者や行政、NPO等の人々と同様に、大多数の公衆が、モビリティの改善を「強く」願うようになる、ということを期待することはむずかしい。しかし、そういうイメージや思想の片鱗でも、**薄く広く公衆一般の間で共有されるな**ら、それだけでも、その地のモビリティに大きな影響を及ぼすことになる。

たとえば、MMのコミュニケーションを通して、過剰なクルマ利用のさまざまなデメリットや公共交通や自転車のメリットを理解し、それを通して「クルマ利用は、まぁ、ほどほどにしておいたほうがいいかも――」と思ったとしよう。実際、この程度の「わずかな認識の変化」は、持続的な行政施策の展開によってもたらすことが可能であることは、過去の事例からも明らかにされている。

たとえば後に詳しく述べるように、京都市のMM事例では、**5年以上にわたって京都市民に繰り返し「クルマ利用は、ほどほどに」という趣旨のメッセージを、さまざまな媒体やコミュニケーション方法を通して提供し続けた。**その結果、2013年度の時点で、じつに**「約6割の市民」がMMコミュニケーションに接触し、**それを通して「クルマを控えよう」という市民の数が22%増加している、という結果が得られている。

この22%とは、人数にして**19万人に相当する。**言うまでもなく、19万人の人々が、多かれ少なかれ自動車利用を減らし、公共交通利用を増やせ

注3　ここでもまた、ドラッカーの言う「マネジメント（…と）は、人をして何かを生み出させることである」という言葉こそがMMの要諦であることが確認できる。

注4　28・3%から24・3%へと減少。つまり、自動車分担率が約一割四分も減少したことになる。

ば、京都のモビリティに及ぼす影響は決して小さなものではない。実際、過去10年の間に、京都の自動車分担率が4.0％も縮減している。[注4] この削減量は、京阪神都市圏の、どの県庁所在地の自治体よりも大きい。むろん、この4.0％の削減量がすべてMMによってもたらされたものであるとは断定できないものの、その内の少なからずの部分がMM、とりわけ京都市民全員を対象としたコミュニケーション施策によってもたらされたものであることは間違いない。

こうしたMMの成功事例は、さまざまな形で今日報告されている。本書では、そうした具体的な事例を、主なMMのパターンごとに、一つずつ紹介していきたいと思う。[注5]

モビリティ・マネジメントの基礎知識

以上が、MMを始める、あるいは展開するうえでの、基本的な考え方とステップである。

図1には、あらためて、先に述べた流れを簡単に取りまとめてみた。

まず、「成功するMM」をスタートさせるには、何よりもまず、「このままじゃダメだ」という意識のもと、モビリティを改善することを思い立つことが先決だ。そのうえで、交通まちづくりの成功や鉄道、バスの活性化等の「目標」をイメージすることが必要だ。

そしてそうした目標、ないしは、その目標に向けて取り組みを進めていくという「成功物語」のイメージを、関係者の間で共有することが重要となる。

ここにいたりようやく実効的なMM、つまり「交通改善の取り組み」をスタートさせることができるのである（そして繰り返すが、ここまでのプロセスは、いわゆる〝政治〟的なプロセスそのものであり、したがってその展開において首長はもちろんのこと、議会や代議士などが枢要な役割を

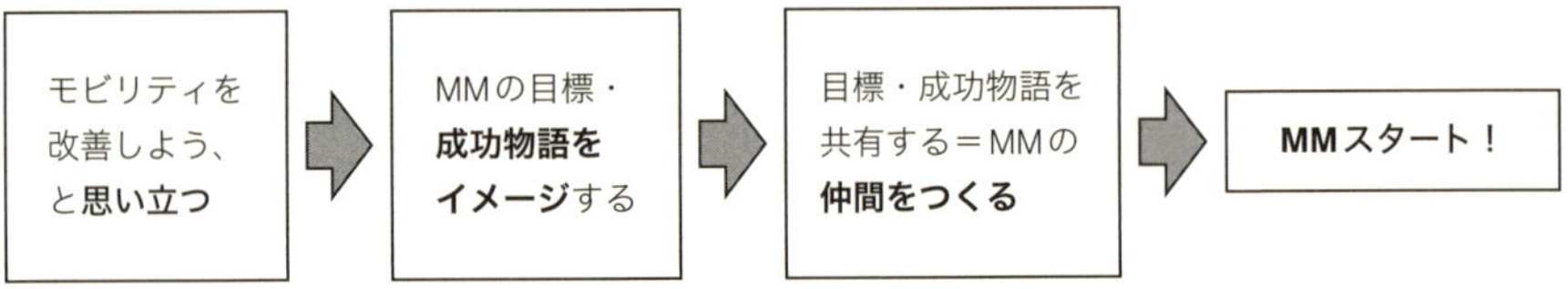
モビリティを
改善しよう、
と**思い立つ**
MMの目標・
成功物語を
イメージする
目標・成功物語を
共有する＝MMの
仲間をつくる
MMスタート！

図1　MMを始めるまで

担うこととなる）。

ただし具体的なＭＭの内容は、それぞれの目標や状況に応じて、個別に検討していくことが必要であり、たとえばＭＭの目標やそのパターンとしては、次のようなものがある。

交通まちづくり（第１章）「人と環境にやさしい交通まちづくり」をしたいと考える行政や、事業者や一般の方々には、ぜひご覧いただきたい。

バス活性化ＭＭ（第２章）「バス」を活性化したいと考えるバス会社、それを支援しようとしている行政や一般の方々には、ぜひご覧いただきたい。

鉄道活性化ＭＭ（第３章）「鉄道」を活性化したいと考える鉄道会社、それを支援しようとしている行政や一般の方々には、ぜひご覧いただきたい。

学校教育ＭＭ（第４章）子どもたちに「交通」について学んでもらいたいと考えている行政、学校の先生、一般の方々等には、ぜひご覧いただきたい。

道路混雑緩和のためのＭＭ（第５章）「道路の混雑」をなんとかしたいと考えている行政等には、ぜひご覧いただきたい。

これら以外にも、さまざまな目標を持つＭＭが考えられるが、これらの五つはこれまでの「ＭＭの実務」のなかで比較的頻繁に行われてきたものである。ついては本書はとくにこれら五つについてそれぞれ章を設け、これらと同じ目標を持ったＭＭの展開を考えている人々を支援することを目指している。ついては、コンサルタントや研究者、行政、学生等、ＭＭについて学びたいという人には、最初からすべてお読みいただいたり、あるいは、読者の関心に応じてご関心の章だけをご覧いただいたりする等のかたちで、適宜本書をお読みいただければ幸いである。

なお、ＭＭはそもそも「交通の改善」であることから、これら以外にも、さまざまなタイプのＭ

注5　なお、土木学会では「一人一人のモビリティ（移動）が、個人的にも社会的にも望ましい方向（すなわち、過度な自動車利用から公共交通・自転車等を適切に利用する方向）へ自発的に変化することを促す、コミュニケーション施策を中心とした交通政策」とＭＭが定義されている。ここに「コミュニケーション施策」と言われているのは、公衆とのコミュニケーションと同時に、関係者を対象としたコミュニケーション（すなわち、関係者調整）の双方を含むものであり、本書でＭＭの定義として述べた「人と組織と社会の活力」を増進させるものである。

Mがありえる。たとえば、
・健康MM（より健康な移動を呼びかけるMM）
・自転車駐輪対策MM（放置駐輪台数の削減を目指すMM）
・自転車ルール遵守呼びかけMM（危険な自転車運転の削減を目指すMM）
・中山間地の高齢者対象MM（中山間地の高齢者の活動を支援するMM）
等が実践されている。さらには、このMMのアプローチを交通以外の領域にも適用する事例も最近では実践されるようになってきている。これらについては、第6章にて一括して紹介する。

「状況診断」と「取り組み」を繰り返すMM

MMにおいては、それがいかなる「目標」のもとで展開されるものであったとしても、「状況診断」が、きわめて枢要な役割を担う。

それはちょうど病気を治そうとする医療において何よりも重要とされるのが診断だ、ということと同様である。医療はすべからく、その診断に基づいて実践される。同様にMMにおいてもまず、対象とするモビリティの現状をしっかりと診断することが、その取り組みの第一歩となる。そしてその診断結果に基づいて、モビリティを改善する「取り組み」を行うのである。

そしてもちろん、その取り組みを行ったうえでその取り組みがどの程度状況を改善したのかを確認することが必要となる。したがって、再び「状況診断」を行うこととなるのである。

このようにして、「診断」と「取り組み」を繰り返していくのが、MMの基本的な展開である。一般に、こうした繰り返しは、「マネジメント・サイクル」と呼ばれているものであり、MMにかぎらず、すべてのマネジメントの基本となる展開方法である。[注6]

注6　一般に、PDCA／計画・実行・チェック・アクション、等と言われることが多いが、単純に言うなら、ここで述べたように「診断と実行の繰り返し」である。

具体的に言うなら、ＭＭにおいては、公共交通の利用者はかつてどのような状況にあり、今どのように減少してきたのか、その減少の背後にはいったい何があるのか、さらにはサービスレベルを改善できる余地はあるか、あるとするならそれはどこか。そのための財源は確保できるのか――こうしたさまざまな点を、改めてチェックしていくことが、「状況診断」であり、これがＭＭの展開の第一歩となるのである。それはちょうど『もしドラ』のみなみが最初に取り組んだのが、部員たちとの個別面談だった、ということに対比される。

「取り組み」の選択と実践

こうした「状況診断」は、必ずしも一定の予算に基づく新しい調査を行う、ということを意味しているのではない。それは、ＭＭを始めようとする担当者が、そのＭＭの「目標」を念頭に置きつつ、対象とするモビリティに関する諸状態がどうなっているのかを、関係者からの話を聞いたり、資料やデータを見ながら確認する、というものである。[注7]

そうして、一定の情報を集めながら、「では、どうやってこのモビリティを改善していくのか――」を、試行錯誤しつつ考えていくのである。

これが、ＭＭにおける「第二歩目」である。

では、このＭＭの「第二歩目」にあたる「モビリティの改善」のための具体的な対策としては、どのようなものがあるのかと言えば、表１に挙げるようなものが、その典型例として挙げることができる。

これらはいずれも、交通まちづくりや、バス・鉄道の利用促進、道路混雑の解消等の（本書の第１章から第５章まで取り上げる）目標のために展開するＭＭにおいて採用され得る典型的な対策で

注7　むろん、調査を新たに行うことができるなら、それに越したことはない。

ある。しかしながら、また異なる目標のＭＭにおいては、まったく別の施策が考えられることとなる点には留意いただきたい。

ついてはこうした留意のもと、取り急ぎ、これまでのＭＭで頻繁に援用されてきたこれらの典型施策を、簡単に解説することとしたい。

ＭＭにおけるハード・システム対策に不可欠な「関係者調整」

交通まちづくりや渋滞対策を図り、バスや鉄道の利用促進を図るうえでは、クルマ利用からバスや鉄道等への「モーダルシフト（移動手段の転換）」が、多くのＭＭにおいて求められる。

そうした目標のＭＭにおいては、公共交通の新しい路線の設置や、ダイヤの改善、さらには料金システムの改善や、駅・バス停等の改善などのさまざまな「ハード対策」が、抜本的で効果的な対策として考えられる。

あるいは、自動車利用者から料金を徴収して自動車利用の削減を図るロードプライシング／混雑料金[注8]や、特定エリアへの自動車の流入の削減を図る自動車流入規制等の「システム対策」もまた、効果的な方法として考えられる。

しかし、これらのハード対策やシステム対策は、きわめて効果的なものである一方で、それを実現するためには、じつにさまざまな「ハードル」を越えなければならない、実現困難なものが概して多い。

したがって、ＭＭにおいてこれらの対策の実現を図るうえで、何よりも重要となるのは、「**関係者調整**」である。

表１　MMにおけるモビリティ改善のための施策リスト

ハード対策	・交通システムの改善（路線設置、ダイヤ改善、料金改訂、駅・バス停の改善等） ・シェアリングシステムの導入（カーシェアリング、レンタサイクルシステム等）
システム対策	・ロードプライシング／混雑料金 ・自動車流入規制／ナンバープレート制 ・パーク・アンド・ライド
公衆コミュニケーション	・「転入者／新入社員／入学者」への時刻表・マップの配布 ・ワンショット TFP（Travel Feedback Program）（アンケートの実施、複数回の丁寧なコミュニケーション） ・ラジオ番組での呼びかけ ・小中学校の授業 ・ホームページの開設

これは、**関係者とのコミュニケーションを図る**ことを意味しているが、たとえば新規路線開設や駅、バス停の改善において、何よりも高いハードルとなるのは「予算関係者」（財務当局や政府の補助担当者、あるいは議会関係者や首長等）との調整である。料金システムを改訂し、たとえば大幅値下げ等を通して利用促進を図るというケースもありえるが、そのためには予算関係者との調整が不可欠である。そして「ダイヤ改正」にあたっては、運転手等の組合等との調整が必要となる。

また複数事業者との間で調整を図ることで、相互乗り入れの割引や、乗り継ぎの割引、さらにはシステム全体として「最適」なダイヤを調整することも、利用促進には重要となる。

あるいは、ロードプライシングや流入規制などの場合は、警察や議会、地域住民との調整が不可欠となる。しかし今日においては、住民の反対等が大きいケースが多く、こうした強制的な施策の実現可能性は著しく低くなっている。

一方で、「パーク・アンド・ライド」[注9]やカーシェアリングやレンタサイクルシステム等の「シェアリングシステムの導入」もまた混雑緩和等に効果的な取り組みであり、かつその「関係者調整」も比較的容易であるが、その効果は比較的小さいことも知られている。

このように概して効果の高い方策ほど予算や合意形成上の諸制約のために、こうした調整、すなわちいわゆる「政治的調整」が著しく困難であるケースが多い一方、実現可能性が大きいものほどその効果は概して低いという傾向がある。

いずれにしても、MMの第一ステップである「状況診断」において、これらの取り組みが（とくにより効果的な取り組みが）、それぞれどの程度実現可能性があるのかを一つ一つ吟味しておくことが重要である。そして万一、それらのなかで実現可能性が高いものがあるなら、それについて戦略的に「関係者調整」（政治的調整）を図っていくことが、MMにおいて重要な展開となる。また、

注8　自動車の需要と道路の供給との市場的関係に合わせて小刻みに料金を変えるシステム。

注9　自動車の流入を回避したいエリアの周辺に駐車場を設けるとともに、その駐車場にクルマを止めてエリア内では電車・バスを利用することを促す方策。

とくに効果の大きなものについては、中長期的な視点を持ち、どのように関係者調整を重ねていくとよいのかという戦略的な発想も不可欠である。

「公衆コミュニケーション」の有効性とその概要

以上のように、ハード対策、システム対策は、MMによるモビリティ改善においてじつに効果的なものであるが、関係者調整が困難であるケースも多く、結果的にその実現性が乏しいものも多い。

一方で、一般の人々に薄く広くコミュニケーションを図り、「クルマから公共交通等へのモーダルシフト」を呼びかける方法、つまり、**公衆コミュニケーション**は、ハード対策やシステム対策よりもハードルは概して低く、その**実現性は高い**。

しかも公衆コミュニケーションは、(先の節でも指摘したように)一般的な施策と見なされてこなかったため、これまで実践されてこなかったということも多い。それゆえ、そのやり方さえ適切であれば、大きな効果が期待できる。

つまり、MMにおいては、「関係者とのコミュニケーション＝調整」をともなうハード、システム施策は、これまで長年にわたってくり返し検討が重ねられてきており、それゆえにその実現性が乏しい可能性が高い一方で、「公衆とのコミュニケーション」を図る取り組みは**その実践が容易であると同時に、大きな効果が期待できる**ものでもあるのである。

さて、そうした公衆コミュニケーションの方法としては、さまざまなものが考えられるが、ここでは、その典型的なものを以下に紹介することとしよう。なお、具体的なコミュニケーションの内容は、第1章以降の具体事例を参照願いたい。

①紙媒体(チラシ等)の「配布」　きわめてオーソドックスな方法。特定の路線沿線の住民やオフ

ィスの人々などをターゲットとして、当該路線の利用、あるいはクルマ利用からの転換を呼びかけるチラシや、時刻表、マップ等を紙媒体の形で配布する。その際、時刻表やマップなどもあわせて提供する方法もある。ただし、「やみくも」に配ってもその効果はほとんど期待できない。したがって、情報内容やレイアウト、キャッチコピー等はもちろんのこと、配るタイミングや対象者を十分に吟味することが不可欠である。それゆえ後に述べる②「転入者等への配布」や③④「アンケートとともに配布（ＴＦＰ）」の形式が一般的である。

なお、利用者にとって利用しやすいマップや時刻表がつくられて「いない」ことがしばしばある。とりわけ、複数の事業者が併存する地域では、それらが一度に掲載されたマップ・時刻表がないケースが多い。そういう場合にはまず、関係者間で調整のうえ複数事業者の情報をすべてまとめられたマップ、時刻表をつくることが必要である。

②「転入者／新入社員／入学者」への時刻表・マップ等の配布　チラシや時刻表などの情報を、一般の世帯にとりたてて工夫なく配布したとしても、「ゴミ箱に直行」となるケースが大半である。しかし、引っ越した直後に、役場で手続きをした際に入手した情報は、「捨てず」に「じっくりと目を通す」見込みも高く、かつ「保管」するケースも多い。ついてはマップや時刻表などの情報ツールを適切に整備したうえで、役場の「転入者窓口」で、新しい転入者に配布してもらうという方法は、きわめて効果的となる。この事例は京都市や福岡市などでその実績を上げている。また、地元の商工会議所や大学等と調整のうえ、新入社員や入学者に同様の情報を配布してもらうようにする、という方法もＭＭのなかで展開されている。運転免許センターと調整のうえ、運転免許の取得者や更新者に配布する試みもなされている。なお、この方法で配布した場合、モーダルシフト効果／公共交通利用促進効果は、一般の住民よりも数倍にもなるという実証結果が報告されている。

③アンケートの実施（ワンショットＴＦＰ）　チラシや時刻表をそのまま、居住者に配布しても、そのほとんどが「ゴミ箱行き」となる。これを防ぐために開発された技術が、「アンケートを行う」というもの（技術的にはしばしば、「ワンショットＴＦＰ」と言われている）。このアンケートは「調査するためのもの」というよりは、「対象者の意識と行動を変えるためのもの」である。すなわち、アンケートとともに、クルマのデメリット情報や公共交通等の情報（マップ、時刻表等を含む）を提供し、その情報を「知っていたかどうか？」「どのように思うか？」等を尋ねることを通して、それら情報が深く認識され、結果、意識や行動を「変える」ことを目的とする。その意味でこうしたアンケートは、「**コミュニケーション・アンケート**」と呼称されている。また、そのなかで「どのように行動を変えるか」をイメージさせ、回答させる場合、その調査票は「**行動プラン票**」と言われている。その具体例は、図２〜図５を参照されたい。なお、多くのケースで、アンケート参加者の１〜２割程度が、行動を変えるという効果が報告されている。

④複数回の丁寧なコミュニケーション（ＴＦＰ）　③のワンショットＴＦＰを、さらに「丁寧」に実践するもの。一度のみならず、二度、三度とコミュニケーションを繰り返す。基本的な方法は、ワンショットＴＦＰのアンケートに、「さらに詳しい情報をもらいたい。はい　いいえ」という質問を含め、これに「はい」と回答した個人、世帯を対象に、さらに詳しい情報を提供する（当該個人の通勤先や好みなどを反映した、詳細な情報を一人ずつカスタマイズして提供することが多い。もっとも丁寧なケースでは、自宅等まで出向き、手渡し／面談形式で説明しつつ提供するという方法も

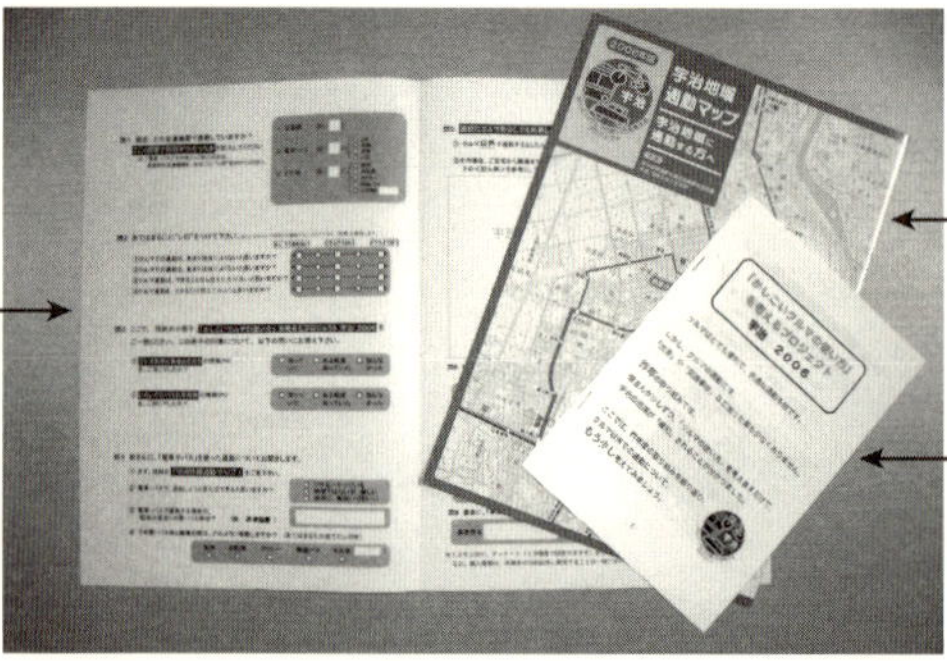

この例は、宇治市に通う通勤者を対象に行ったMM事例で使われたアンケート。「アンケート」（図3）に、マップ＆時刻表（図4）と、プロジェクトの趣旨冊子（メッセージ内容は図5と同様）が挟み込まれ、職員全員に配布され、アンケートだけ回収された。

図２　「ワンショット TFP」で配布された「コミュニケーション・アンケート」の一例

ある)。概してワンショットTFPよりも、より効果的であり、行動が2割以上変化するケースが多い。

⑤ラジオ番組 地元のラジオ放送局と調整し、クルマ利用を控え、公共交通の利用を呼びかけるラジオ番組を放送する。たとえば、京都市では『歩くまち・京都タイム』、富山市では『かしこいクルマの使い方考えんまいけ』という5分程度の番組を、毎週数カ月にわたって放送し、これを数年間続けるという取り組みを行っている。落語家や地元タレントなどのパーソナリティが、交通の専門家とトークを行う形式の番組を放送している。当該パーソナリティが、当該地で「人気」があれば、その説得効果は大きくなる。その結果、視聴者の平均でクルマ利用が1〜2割程度が削減するというTFP等とほぼ同等の効果が得られることが多い。

⑥小中学校の授業 小学校、中学校の授業で、モビリティに関する授業を行う。交通事業者と連携して行う「バスの乗り方教室」や、地域の公共交通を学ぶ授業、まちづくりの視点から交通を学ぶ授業、クルマ利用のデメリットを学習する授業等、さまざまなものが全国で実践されてきている。持続的に続けることで、長期的に、バスの利用促進、クルマからのモーダルシフトが生じること等が期待される。一般に、学校教育現場では「モビリティ・マネジメント学習」と言われている。交通行政の視点からは「学校MM」などと言われる。

⑦ホームページ バスや鉄道を利用しようとする人が、簡単に路線や時刻表の情報を得ることができるインターネット、スマホページが整備されていないケースも多い。とくに、その地でバスを使ったことがない人にとっては、バス利用は相当に「ややこしい」ものであり、そういう「バス初心者にとっても分かりやすいホームページ」は、多くの場合整備されていない。また出発地、行き先、時間帯を入力すると、乗り継ぎ情報が検索できるシステムは、鉄道においてはつくられている

問3　ここで、同封の小冊子、「かしこいクルマの使い方」を考えるプロジェクト 宇治 2006 をご一読ください。この冊子の印象について、以下の問いにお答え下さい。

① クルマ利用と事故とオカネの情報(P4)を、ご存じでしたか？　□ 知っていた　□ ある程度知っていた　□ 知らなかった

② いろいろなバスの利用券の情報(P5)を、ご存じでしたか？　□ 知っていた　□ ある程度知っていた　□ 知らなかった

同封の「趣旨冊子」について質問することで、その冊子にしっかり目を通すことを促す。

保管用
ご回答いただいた後、はがして
お手元に保管して下さい

調査票（返信用）
ご回答いただいた後、**保管用**を
はがして提出して下さい

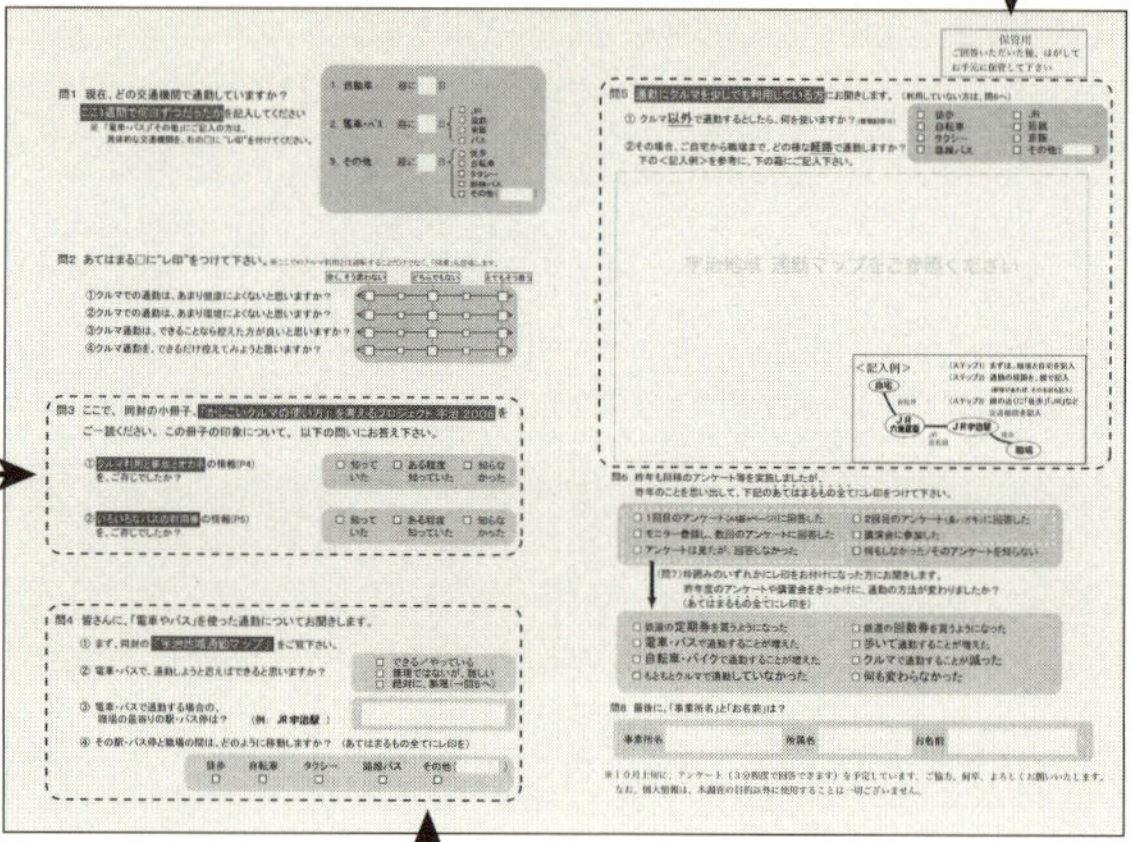

クルマ以外で通勤する場合の経路を、自由記述してもらう。

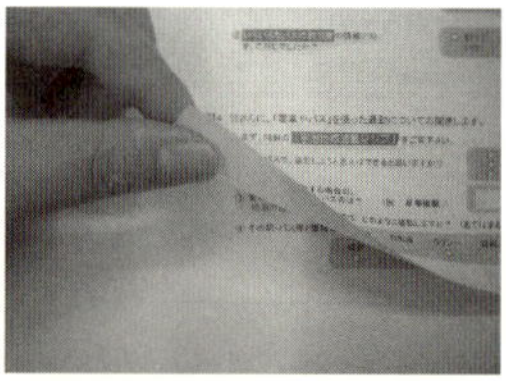

調査票は2枚重ねとなっており、2枚目はカーボンコピーである。1枚目を提出し、2枚目のコピーは手持ちで保管してもらうかたちとしている。

同封の「通勤マップ」に目を通すことを要請し、そのうえで、電車・バスで通勤しようと思えばできるかどうか…について細かく質問する。これにより、公共交通での通勤の可能性を「考えてみる」きっかけを提供する。

問4　皆さんに、「電車やバス」を使った通勤についてお聞きします。

① まず、同封の「宇治地域通勤マップ」をご覧下さい。

② 電車・バスで、通勤しようと思えばできると思いますか？
□ できる／やっている
□ 無理ではないが、難しい
□ 絶対に、無理(→問5へ)

③ 電車・バスで通勤する場合の、職場の最寄りの駅・バス停は？　（例：**JR宇治駅**）

④ その駅・バス停と職場の間は、どのように移動しますか？（あてはまるもの全てにレ印を）

徒歩	自転車	タクシー	路線バス	その他(　　)
□	□	□	□	□

図３　コミュニケーション・アンケートの具体例（行動プラン票を含む）

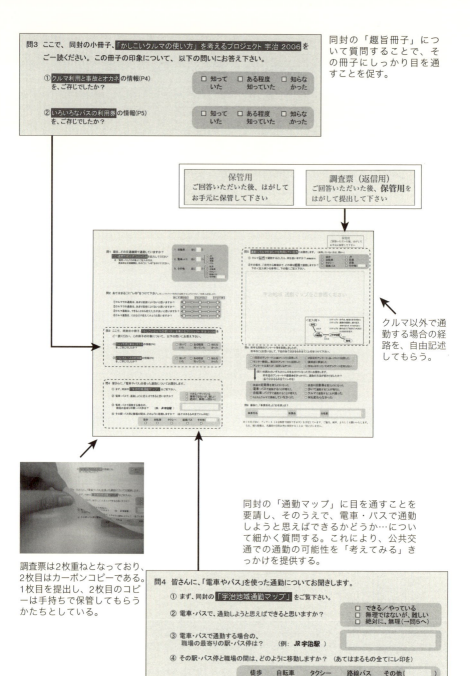

が、バスについてはつくられていないことが多い。こうしたネット上のシステムを充実することの重要性は、今日は大きい。なお、こういうシステムは「使いやすく」することと同時に、「アクセスしてもらう工夫」を最大限に行うことが不可欠だ。どれだけ使いやすくとも、ほとんど誰も使っていないなら、文字どおりの「宝の持ち腐れ」になる。また、次節に紹介するように、公衆にモーダルシフトを促す「動画」を、配信する方法も試みられている。

「公衆コミュニケーション」におけるメッセージ例

各種ＭＭにおける「公衆コミュニケーション」は、多くの場合、上記のような方法を通して、自動車からの「モーダルシフト」を呼びかけるものであるが、その際、以下のような客観データを含めたメッセージが提供されることが多い。

その典型的なケースを、図５に示す。

このメッセージ情報は、京都市が配信しているインターネット動画**『クルマ利用は、ほどほどに！』**（藤井聡講師による10分弱の YouTube 動画。このキーワードで検索されたい）にて用いられたものである。

ご覧のように、クルマ利用によって大量のCO_2を排出しているため、それを少し控えるだけで、大量のCO_2排出量を削減できるというメッセージ（②）や、クルマ通勤を止めればダイエットに成功する

表面（バス路線・鉄道路線図）
裏面（各駅からのアクセス情報、時刻表、駐輪場情報など。通勤者数の大きな事業所については、その事業所用の情報を記載）

※ A3 サイズのマップ、調査票には二つ折りにして挟み込まれている。全４種類作成。
※ 本マップは、立命館大学地理学教室・京都府温暖化防止活動推進センター、バス事業者等の協力のもと作成。

図４　宇治におけるワンショット TFP で用いた通勤マップ

クルマ利用は、
ほどほどに！
京都大学大学院教授　藤井聡
データ出展：JCOMMホームページ

①

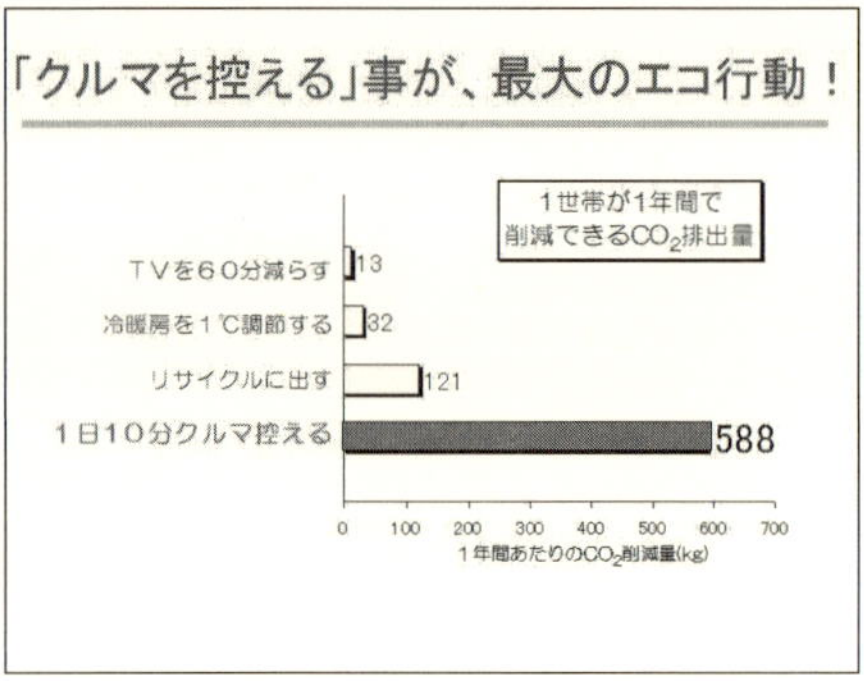
「クルマを控える」事が、最大のエコ行動！
1世帯が1年間で
削減できるCO2排出量
TVを60分減らす 13
冷暖房を1℃調節する 32
リサイクルに出す 121
1日10分クルマ控える 588
0 100 200 300 400 500 600 700
1年間あたりのCO2削減量(kg)

②

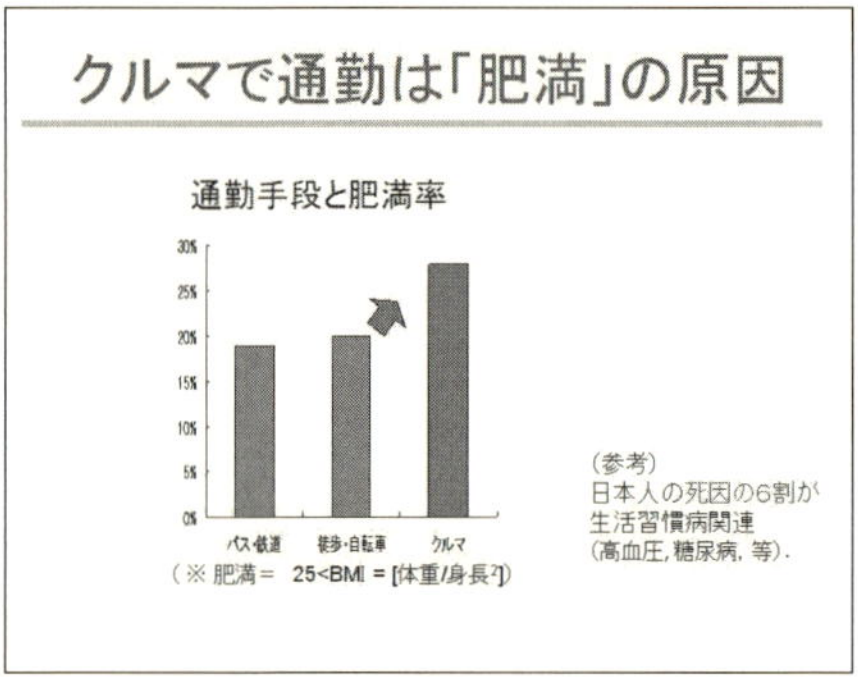
クルマで通勤は「肥満」の原因
通勤手段と肥満率
30%
25%
20%
15%
10%
5%
0%
バス・鉄道
徒歩・自転車
クルマ
（※ 肥満＝　25<BMI = [体重/身長²]
（参考）
日本人の死因の6割が
生活習慣病関連
（高血圧，糖尿病，等）．

③

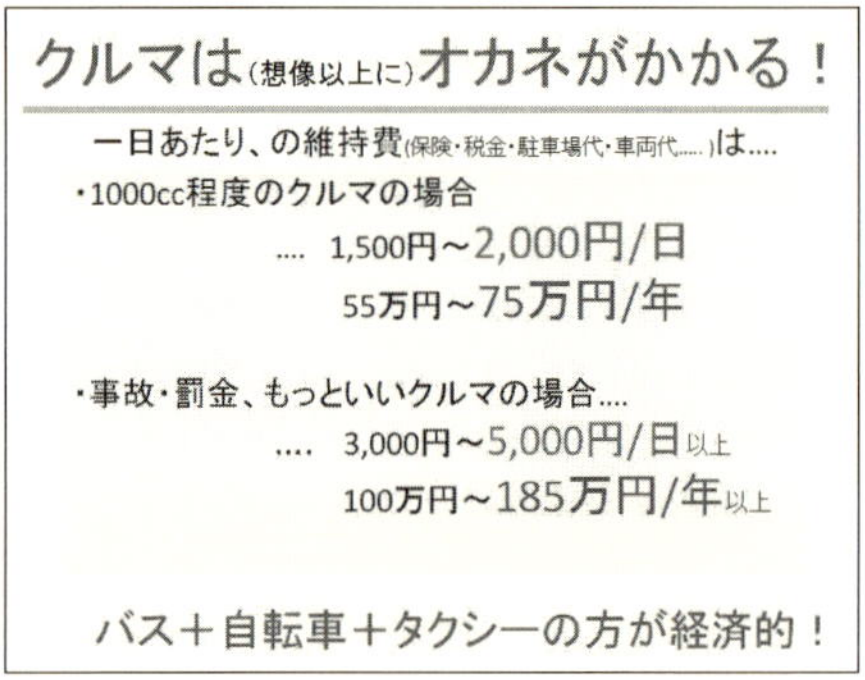
クルマは（想像以上に）オカネがかかる！
一日あたり、の維持費（保険・税金・駐車場代・車両代.....）は....
・1000cc程度のクルマの場合
.... 1,500円～2,000円/日
55万円～75万円/年
・事故・罰金、もっといいクルマの場合....
.... 3,000円～5,000円/日以上
100万円～185万円/年以上
バス＋自転車＋タクシーの方が経済的！

④

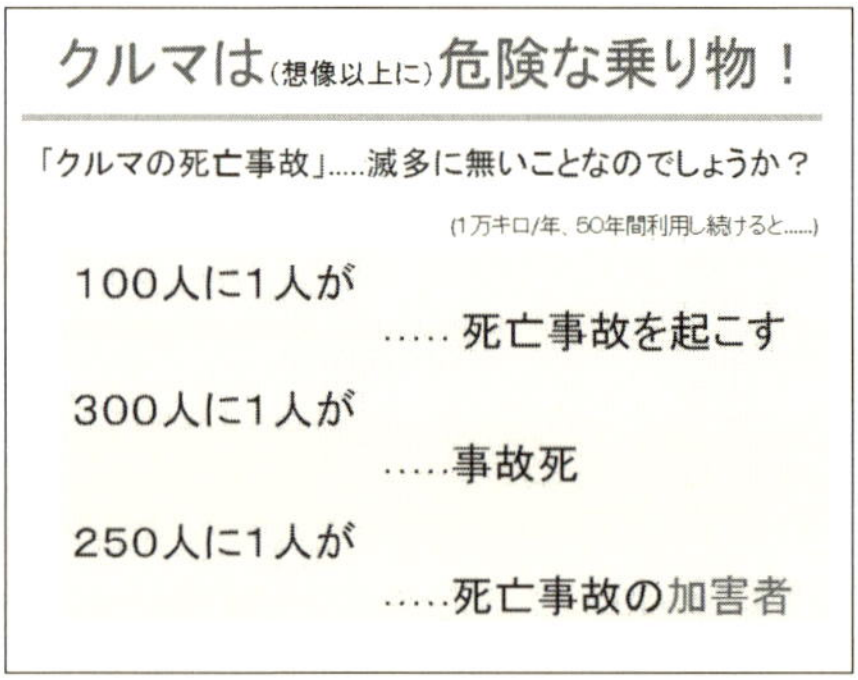
クルマは（想像以上に）危険な乗り物！
「クルマの死亡事故」.....滅多に無いことなのでしょうか？
（1万キロ/年、50年間利用し続けると......）
100人に1人が
.....死亡事故を起こす
300人に1人が
.....事故死
250人に1人が
.....死亡事故の加害者

⑤

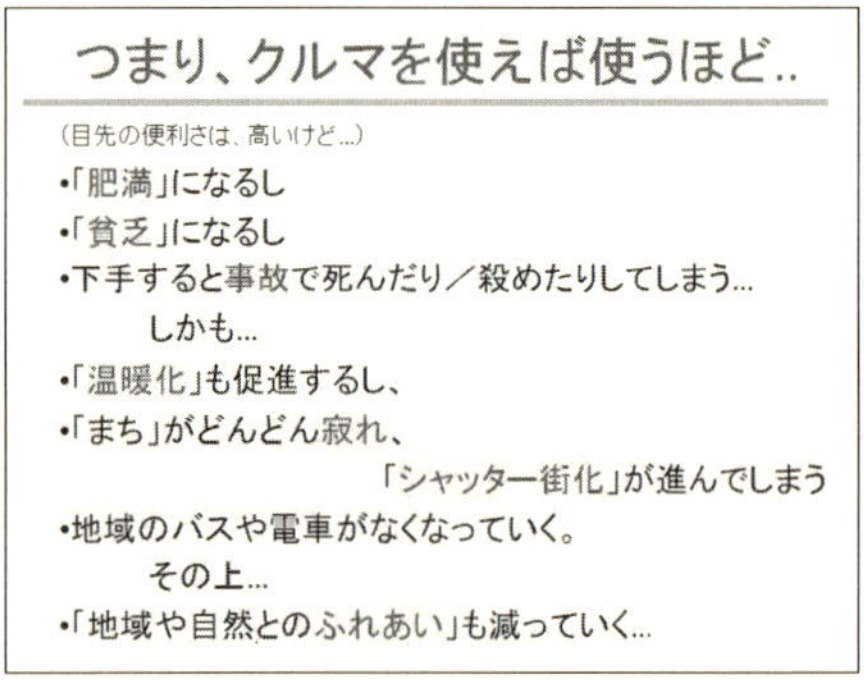
つまり、クルマを使えば使うほど..
（目先の便利さは、高いけど...）
•「肥満」になるし
•「貧乏」になるし
•下手すると事故で死んだり／殺めたりしてしまう...
しかも...
•「温暖化」も促進するし、
•「まち」がどんどん寂れ、
「シャッター街化」が進んでしまう
•地域のバスや電車がなくなっていく。
その上...
•「地域や自然とのふれあい」も減っていく...

⑥

図5　MMの公衆コミュニケーションで提供されるメッセージ例

〈コラム〉 ＪＣＯＭＭ（日本モビリティ・マネジメント会議）

１９９０年代後半からＭＭの事例が日本国内外で蓄積されてきた。それぞれのＭＭの取り組みをさらに望ましいものとし、さらに拡げていくためには、個々の実例に携わった実務や行政、研究者とともに、これからＭＭに関わろうとする人たちが積極的に情報交換を重ねていくことが重要になっていた。

そこで、国土交通省と㈳土木学会とが共同主催をする形で、ＭＭ関係者が一堂に会する日本モビリティ・マネジメント会議（ＪＣＯＭＭ：Japanese Conference On Mobility Management）が、06年から毎年1回、定期的に開催されることとなった。その後、09年6月に一般社団法人日本モビリティ・マネジメント会議が設立され、第4回ＪＣＯＭＭ以降の主催はここが担っている。毎回のＪＣＯＭＭの参加者は350名をこえ、公務員、コンサルタント、大学研究者、その他（交通事業者、市民団体）がそれぞれ4分の1ずつと、じつに多様な主体が参加しているのが特徴の一つである。また、2日間にわたる会議も、口頭発表だけではなく、パネルディスカッションや企画セッション（たとえば、ＭＭと健康（医工連携）など）を設けて、参加者が相互に意見交換できる工夫がなされている。発表された内容は、すべてＰＤＦファイルで公式ホームページ上に公開されており、最新のＭＭの実践事例や研究を社会に発信するとともに、ＭＭに関するアーカイブ機能を果たしている。会議の前後には、開催地企画の講演会や見学会等が催され、開催地の風土を知るよい機会となっている。

また、国内のさまざまなＭＭの取り組みや研究のなかでも、とくに優れた取り組みや研究の実現に貢献した個人あるいは団体を表彰するＪＣＯＭＭ賞を設けている（62～63頁、コラム「モビリティ・マネジメントに係る表彰制度」を参照）。その他、ＪＣＯＭＭ通信を年に4回発行し、ＪＣＯＭＭ、ＪＣＯＭＭ賞の広報や国内外のＭＭの動向、ＭＭに関わってきた人の物語のコーナーなど会員相互の情報交換の場となっている。

このようにＪＣＯＭＭは、よりよい社会の形成に向けて、ＭＭの考え方、新しいＭＭ施策などについて、多様な主体が活発なコミュニケーションを行うことができる場を提供している。

● ＪＣＯＭＭ公式ホームページ
http://www.jcomm.or.jp/

という メッセージ（③）、クルマを止めると家計出費を大きく削減できるというメッセージ（④）、そして、クルマに乗り続けていることが、どれだけ自他の命を危険にさらしているかというメッセージ（⑤）等が考えられる。

これは、動画であるが、こうしたメッセージは、先に述べたＴＦＰやラジオ、チラシなどさまざまな媒体を通して、ＭＭの展開のなかで公衆に提供される。

なお、これらの数値の根拠はいずれも、日本モビリティ・マネジメント会議のホームページ（ＪＣＯＭＭで検索されたい）に掲載している。

第1部 まち・地域とモビリティ

モビリティ・マネジメント（MM）は、「まち」や「地域のバスと鉄道」の活性化を願う人々に「希望」を与えるものである。京都市は、市長のリーダーシップの下でMMを粘り強く展開し、自動車分担率の水準を一割以上も削減させた。右肩下がりで急激に減少していた帯広市のバスの利用者は、MMを通してV字回復、15％もの利用者増を果たした。利用者離れで存続の危機に直面した和歌山のローカル鉄道貴志川線もまた、地元住民と事業者の懸命な努力を通して、減少し続けた利用者をV字回復させ、約2割もの乗客者増を果たしている。彼らが一体何を思い、誰とどのように協力しながら、いかなるMMを展開し、こうした「成功」を手に入れたのか――ぜひともじっくりと彼らの成功物語を御覧いただきたい。

第1章

公共交通の活性化を通した「交通まちづくり」を進めたい（交通まちづくりＭＭ）

交通まちづくりとＭＭ

モータリゼーションが「まちの賑わい」を奪い去っている

今、何の問題もなく、住民がただただ幸福で安寧であるような、理想的な「まち」は、現代の日本には、どこを探してもないだろう。

多くのまちで「シャッター街」と言われるような風景が広がっている。シャッター街とは、図1に示したように、かつては栄えた中心市街地や駅前の商店街から人々が離れ、さながらゴーストタウンのように寂れはてたまちを言う。

もちろん、この写真ほどまでにヒドイ状況にはいたっていないまちもあろうが、それでも東京をはじめとした大都会を除く数々のまちにおいて、かつての賑わいを失いつつあるのが実情である。

こうした数々のまちの衰退の背後には、長年続くデフレ不況、地方都市における道路や新幹線等の投資不足等も挙げられるものの、きわめて本質的な原因となっているのが、「**モータリゼーション**

本章の参考資料

・京都市役所都市計画局「歩くまち京都推進室」のホームページ（『歩くまち京都』で検索）。とくにコミュニケーション施策の概要については「平成25年度「スローライフ京都」推進会議」の資料に詳しく、公共交通施策の概要は「平成25年度公共交通ネットワーク推進会議」の資料に詳しい。

・「歩くまち・京都」公共交通センターホームページ（『京都　公共交通センター』で検索）

・「日本モビリティ・マネジメント会議：ＪＣＯＭＭ」での発表資料（「ＪＣＯＭＭ」で検索）

※「ＭＭ関連資料」→「ＪＣ

の**進展**」、つまり「**クルマ社会の進展**」である。

そもそも、もし仮に人々がクルマを使うことを完全にやめたとすれば、中心市街地の商店街は賑わいを「取り戻す」ことは間違いない。

クルマがあるからこそ、人々は郊外のショッピングセンターで買物をするようになったのであり、クルマがなければ、ほとんどの人々はそうしたショッピングセンターへ訪れることすらできない。人々はクルマさえ使わなければ、クルマがなくても行ける場所である「駅前」や「中心市街地」に行かざるを得なくなる。実際、人々がかつてクルマを使っていなかった時代、人々は中心市街地の商店街に通い続けていたのであり、それゆえに、まちなかに賑わいがあったのだった。

モータリゼーションが「コンパクト・シティ」を妨げている

そして、そうした「クルマがない時代」が長く続けば、人々は徐々に、商店街の周辺、そして何より、「駅前」を中心とした公共交通が便利な場所に「住む」ことになる。そして、今や郊外に無秩序に広がってしまった都市が、中長期的に「駅」や「中心市街地」への集約、「**コンパクト化**」していくこととなろう。

そもそも人々が郊外で住むようになり、都市そのものが郊外化していったのは、人々がクルマを使い始めたからである。クルマさえあれば、どこに住むかを決める際に、駅前や都心部にこだわる必要がなくなり、その結果、都市の郊外化が進んでしまったのである。だから今、「**コンパクト・シティ**」の重要性がまちづくりの関係者の間で叫ばれているが、それを進めようとするときに、もっとも大切な取り組みは、「モータリゼーション」あるいは「人々のクルマ依存」を抑制、低減していく取り組みなのである。

・OMM発表資料」で、各年次のJCOMMの頁を開き、「京都」で検索すると、各種プロジェクトの発表資料をご覧いただけます。
・関連動画：YouTubeで『クルマ利用はほどほどに』『クルマで京都が見えますか』で検索。
・富山のまちづくりMMについては『富山レールライフプロジェクト』で検索。

図1　日本のある都市の〝シャッター街〟の風景

モータリゼーションがもたらすさまざまな問題

このように、モータリゼーションの進行、クルマ依存傾向の増進は、まちの活力を、その形を溶解させることを通して根源的に衰弱させていると考えられるものの、同時に、さまざまな問題を生みだしている。

第一に挙げられるのが「公共交通のモビリティの質の劣化」である。大多数の人々がクルマを使うことで、バスや鉄道の「交通事業者」の経営が苦しくなり、その運行頻度を下げたり、路線を撤廃する等が進められている。その結果、公共交通が、ますます「不便」なものとなっている。そして、クルマを使えない高齢者や若年層等の「モビリティ」の質が著しく低下していっている。とくに高齢者については、このモビリティの低下は深刻な問題となっており、社会的な孤立を深める結果となっている。

第二が、「渋滞の激化」である。人々がクルマを使えば使うほどに、朝夕のラッシュを中心とした道路渋滞が激化する。これが、都市の活力を奪うさらなる原因をつくることになっている。とりわけ、「バス」の利便性を著しく低下させる根源ともなっている。

第三は、「行政サービスの劣化」である。モータリゼーションによってもたらされた都市の拡大は、下水道、上水道、公共交通等の自治体が提供するサービス水準の低下をもたらしている。それだけ広大な地域のすべてを高品質のサービスでカバーすることができないからである。

第四に、「健康問題」である。人々がクルマを使えば使うほど、歩く機会が奪われてしまう。そしてそれが毎日、何年も、何十年も続けられることで、人々の健康は根底から蝕まれていくのである。事実、クルマ通勤者は、それ以外の手段での通勤者に比べて、「肥満」となる確率が4〜5割程度増えるという実証データも報告されている。

このように、モータリゼーションは、人々に、「いつでも、どこへでも」という、超絶な移動の「自由」をもたらしたが、それと引き替えに、まちの衰弱、公共交通の質的劣化、交通渋滞、行政サービスの劣化、そして、健康問題という、じつに多面的な、中長期的弊害を、日本全国のまちにもたらしているのである。

「まち」と「交通」の深い相互関係

ところで、「まちの賑わい」「コンパクト・シティ」を取り戻すにあたって「電車やバス」の公共交通はきわめて重要な役割を担う。

まちの中心地に接続する公共交通が発展すればするほどに、人々は、「駅前」「中心市街地」にたくさん集まるようになり、まちが賑わい、活気づいていく。同時に、駅前や中心市街地に「住む」ことや「商売」することの魅力が高まっていく。それを通して、住宅や商店、事務所も、ますます「駅前」「中心市街地」に集まっていく。

そうした街なか、駅前が栄えれば栄えるほどに、ますます公共交通が使われるようになり、人々は、クルマから離れていく。つまり、クルマから、公共交通や自転車、徒歩といったクルマ以外の手段への転換、**「モーダルシフト」**が加速していくこととなる。

このように、図2に示したように、まちの賑わい、コンパクト・シティ、公共交通（脱クルマ）は互いが互いを高めあう関係にあるのである。

そしてこれと真逆のプロセスを歩んだのが「モータリゼーション」だったのである。つまり、人々がクルマ依存傾向を深めることでまちは衰退し、まちが衰退することで、ますます人々がクル

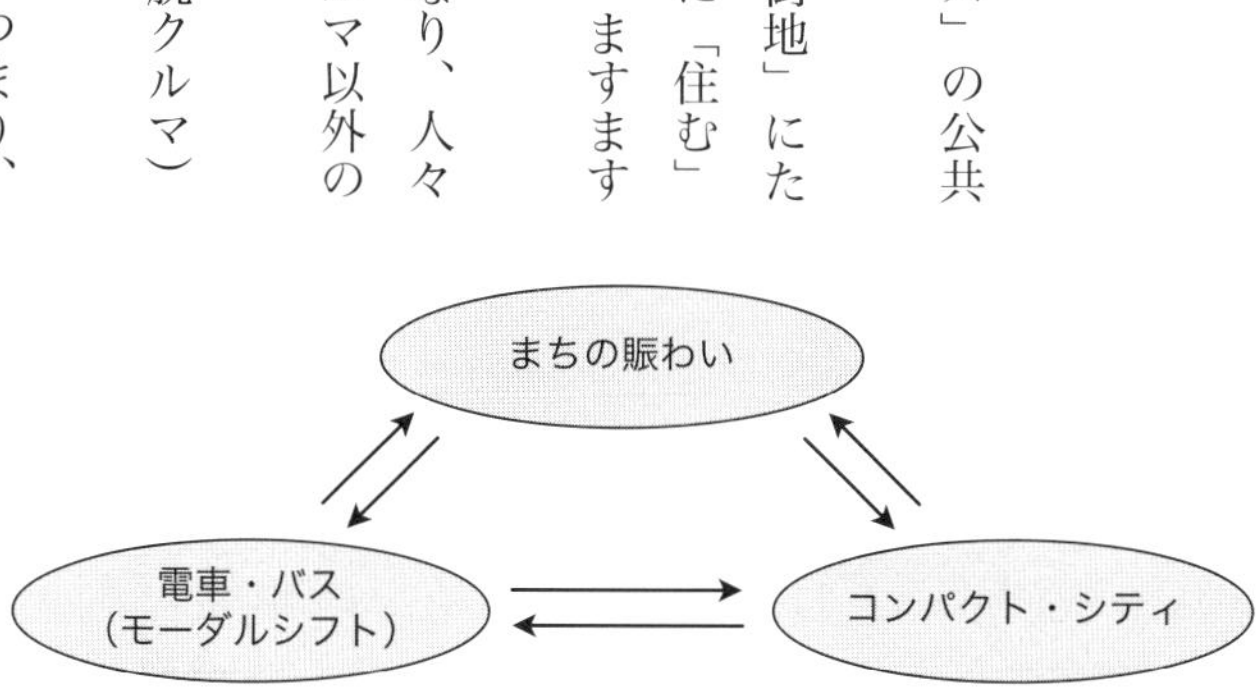

図2　まちの賑わい、コンパクト・シティ、公共交通（脱クルマ）は互いが互いを高めあう

マ依存傾向を深めていったのである。

一方で、今、全国のまちづくりや交通に直接・間接に関わっている人々が取り組んでいる「**交通まちづくり**」という取り組みは、こうしたモータリゼーションによって進行した「らせん階段」を「逆」に回していこうとする**マネジメント**だと定義できる。つまり、「交通」と「まち」の間の互いを高めあう関係を「加速」させ、公共交通を活性化することで、まちを活気づかせ、まちを活気づかせることで公共交通を活性化していくことを通して、モータリゼーションで生じたさまざまな問題の一つ一つを「改善」していこうとする取り組みこそが、「**交通まちづくり**」と**呼ばれるマネジメント**なのである。

本章では、そんな「**公共交通の活性化**」を軸に据えた「交通まちづくり」をとくに「**交通まちづくりMM**」と呼称し、これを紹介することとしたい。

京都の交通まちづくりが「どう始められた」か？

「交通まちづくり」が、今、全国のまちで進められている。

最新式の路面電車、ＬＲＴの整備を軸として展開されている富山における交通まちづくり、同じくＬＲＴの整備を目指して展開されている宇都宮における交通まちづくり等が、その代表である。

ここでは、そのなかでも交通まちづくりのためのＭＭを長年続けてきている京都の事例を紹介することとしよう。

京都市が抱えていた問題

人口約150万人の京都市においても、「モータリゼーション」にともなう各種の問題は、さまざまに生じていた。

もともと道路容量が十分でなかった京都市では、市内のいたる所で渋滞が慢性化していた（図3）。「四条河原町」界隈を中心とした中心市街地には賑わいがあるものの、それでも、かつてに比べれば低下している様子は否めない。ましてやそれ以外の地区の商店街の賑わいは、市内のいたる所で大きく衰弱していた。

かつては市内に縦横無尽に巡らされていた路面電車網も、モータリゼーションの進行とともにあらかた剥がされてしまい、公共交通を使う人々の割合もかつてよりは低下してしまった。それに関連して、地下鉄整備の債務が、市の財政を圧迫するという問題もあり、公共交通の利用促進は、財政の点からも喫緊の課題となっていた。

そして何より、かつては、「京都の町衆たちが歩く」のための空間であった道路空間が、クルマに占拠されてしまい、それが、京都のまちなかの風景を大きく様変わりさせ、その活力を大きく低下させる重要な原因となっていた。人々が街なかで歩き回ってこそ、商店も賑わい、人と人との交流が生まれ、まちが活気づいていくのである。

京都ではこうした問題意識のもと、次のようなプロセスをへて、交通まちづくりが展開され、自動車の分担率を、市域全体で引き下げるという成果を上げている。

1　「交通まちづくり」の重要性を巡る議論が、京都にて長年続けられる
2　「交通まちづくり」を重要施策とする市長の誕生

図3　四条通における混雑の様子

3　「歩くまち京都推進室」の設置
4　「歩くまち・京都」総合交通戦略の策定
5　「歩くまち・京都」総合交通戦略のマネジメント会議の設置
6　さまざまな「交通まちづくり」施策が展開され、モーダルシフトが京都市全域で生じ始める

以下では、国内で「交通まちづくり」において、『もしドラ』のマネジメントのような成功を目指す人々にヒントを与えることを企図して、この京都における交通まちづくりの展開を紹介する。

ステップ１：京都市が「マネージャー」となり、交通戦略を策定する

長い間、京都市では、上述のような問題意識が大学や役所の交通専門家たち、そして、京都のまちの活性化を企図する一般の人たちの間で共有され、それら諸問題を緩和、解消するための「交通まちづくり」の必要性が、議論されてきた。

そうした土壌のなか、市長選挙などでも、「交通まちづくり」の展開が、重要な政策の一つとして取り上げられることもしばしばであったが、交通まちづくりが大きく前に進み出すきっかけとなったのが、２００８年の市長選挙であった。この市長選挙では、**門川大作市長が公約のなかで交通まちづくりの展開を明示し、選挙戦を戦い、市長に選ばれた**のであった。

京都市では、門川市長就任直後から、市長の公約であった「交通まちづくり」を実際的に大きく展開していくことを目指し、まず、その**「マネジメント」の中心となる組織として「歩くまち京都推進室」を設置した**（以下、推進室と呼ぶ）。この推進室の前身は、都市計画局内にあった交通政策室であったが、「まちづくり」「マネジメント」の考え方をより重視することを目指し、名称も新たにすると同時に、その所管業務の拡充が図られたのである。

注1　Light Rail Transit（軽量軌道公共交通機関）の略。次世代型路面電車とも呼ばれ、従来の路面電車に比べ振動が少なく、低床式で乗降が容易であるなど、車両や走行環境を向上させ、人や環境にやさしく経済性にも優れているとされる公共交通システム。

注2　Bus Rapid Transit の略。輸送力の大きなバス車両の投入、バス専用レーンや公共車両システム等を組み合わせた環境にもやさしい高機能バスシステム。

推進室では、市長の命を受け、この交通まちづくりを展開するために、いったい何をすべきかを検討した。そして、これからの交通まちづくりの行政を展開するにあたって、合理的なプランを策定することが、まず重要であるという結論に達する。

こうした背景のもと、09年度に、「**『歩くまち・京都』総合交通戦略**」が、学識経験者を中心とした約1年間の審議をへて、策定された。

この総合交通戦略にて、京都市が目指すイメージが「**歩くまち・京都**」であることが、改めて公式に制定された。

つまり、クルマの利用が必要最小限に抑えられると同時に、まちなかには、LRT[注1]やBRT[注2]等の便利な公共交通を整備し、そして、人々はそれらを使ってまちに訪れ、京都のまちなかは活気づいていく、ということを、目標に掲げたというしだいである。そして、その**具体的な数値目標として「28％の自動車分担率を、20％に削減する」**というものが掲げられた（図4）。

京都市では、このビジョンをまず行政関係者や交通事業者等の間で共有すると同時に、京都市民にも共有されることを企図して、さまざまなコミュニケーション施策を展開している。

こうした「歩くまち・京都の実現と、そのビジョンの共有」は、『もしドラ』において、主人公みなみが「皆で甲子園に行く」という目標を立てると同時に、個別面談を契機として、**部員全員と徐々に目標を共有していったプロセスに対応する**と言えるだろう。そして、マネージャーみなみの役割を担ったのが、門川市長を筆頭とする「京都市」であり、とりわけその担当部局であった「歩くまち京都推進室」だったのである。

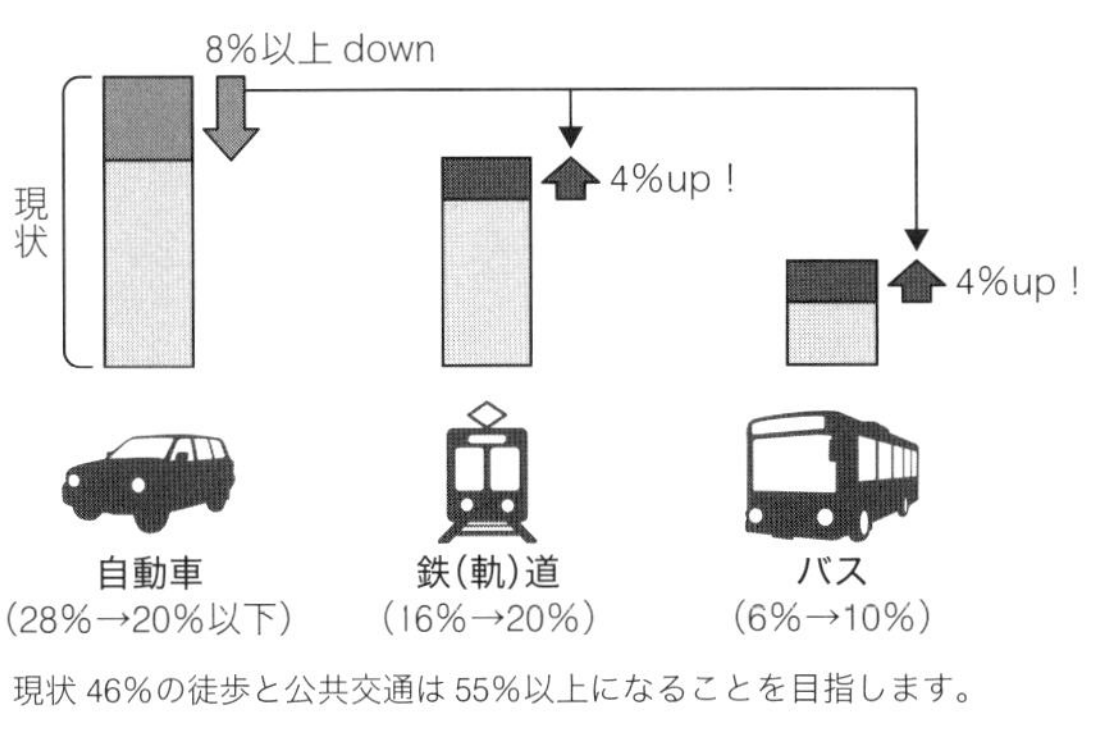

図4　**各交通手段の分担率の数値目標**（「歩くまち・京都」総合交通戦略～京都のまちが、変わります～、京都市、2010）

ステップ2：市長指示の下、交通戦略を進めるために人的・資金的リソースが投入される

さて、この交通戦略では、「歩くまち・京都」を実現するために、

①公共交通のサービスレベルを改善する取り組み（公共交通施策）と、

②まちなかを歩きやすくしていく取り組み（都市計画・まちづくり施策）、そして、

③「ライフスタイルの転換」を呼びかけ、「モーダルシフト」を促していくコミュニケーションの取り組み（コミュニケーション施策）

の3つを展開するということが謳われている。言うまでもなく、これら三者は、互いが互いを強め合う構造を持っており、したがって、これら三者の一体的、総合的な展開を通して「歩くまち・京都」の実現を企図するというしだいである。

そして、これらの三つの施策の推進の方向を、幅広く議論するために、交通戦略の策定直後に、**交通戦略を推進するマネジメント会議**が、学識経験者、交通事業者、一般市民、ローカルメディア（ラジオ局、新聞社）等をメンバーとし、京都市役所が事務局となって設置された。このマネジメント会議が、ＭＭの展開において枢要な役割を担っていくこととなるのだが、その詳細については、またおって、説明することとしよう。

さて、こうした総合戦略が策定され、マネジメント会議が設置されて以後、14年現在まで5カ年にわたって、さまざまな施策が展開されている。

このことは、この総合戦略があったからこそ、交通まちづくりの展開に京都市の「**人的リソース**」と「**資金的リソース**」**が投入されてきた**、ことを意味している。事実、京都市には「歩くまち京都推進室」が設置され、人事的にも増強されていったと同時に、毎年ＭＭのために**2千万円程度**の予

算が投入されている。[注3]

言うまでもなく、ＭＭの展開において人的・資金的リソースが具体的に投入されていくことは必要不可欠である。そこで投入されるリソースが大きければ大きいほど（その裏側に的確な戦略や計画が策定されているかぎりにおいて）、より大きな成果を生みだしていくことができる。[注4]

しかし、多くの場合、ＭＭの展開にそれだけのリソースが行政的に投入されないケースが多い。これはひとえに、税金を基調とするリソース投入が、行政的に必ずしも「正当化」されず、それゆえにリソース投入の合意が役所内で成立しないからである。

その点で、この京都市の事例では、交通まちづくりというＭＭの行政に対して人的・資金的リソースを投入することが正当化されていた、という点は特筆に値する。

では、その正当性がどこから与えられたのかと言えば、まさにこの交通の専門家たちの意見を基本としてつくられた「交通戦略」なのである。**この交通戦略があったからこそ、予算と人的リソースを投入することが正式に正当化された**のである。

ただし言うまでもなく、こうした戦略や組織をどれだけ作ったとしても、それだけでは十分な人的・資金的リソース投入が正当化されるとは限らない。合理的な戦略の策定は、一定規模のリソース投入の正当化にあたって「必要」なことではあっても、「十分」な条件ではないからである。

やはりそこで**重要な役割を担ったのが「市長からの指示」**であった。

実際、交通戦略策定後、予算調整の段階で、戦略推進のために推進室が出した「予算要求」が、いったんは予算部局からは拒否されたという。多くの自治体が今、財政問題を抱えており、新規事業は（かりにそれがどれだけ合理的なものであっても）認められにくい状況にあるが、京都市もまた、その例外ではなかったのである。しかしその後、「歩くまち・京都」の実現に強い意欲を持った

注3　国の補助制度が活用できる場合は、これに加えてさらに大きな予算が組まれることもある。

注4　言うまでもなく、数十億円、数百億円規模の財源があれば、ＬＲＴの整備や中心市街地の再開発なども可能となろう。

市長から直接の指示が下り、予算案の最終的な決定において交通戦略推進のために一定の予算が認められたという。[注5]

つまり、交通まちづくりというMMの推進に行政的なリソースを投入することを正当化したのは、「専門家による合理的議論（交通戦略）」と「市長の政治的指示」の両者だったのである。

ここでさらに付け加えるなら、そもそもが交通まちづくりの推進を公約にかかげていた市長が、選挙で京都市民に選ばれたという経緯が、MM推進に向けての「市長の政治的指示」の背後にはある。

つまり、京都市民による市長選挙が交通まちづくりの推進を「正当化」し、それを受けた市長が、MMの推進を「正当化」し、その結果としてMM推進に人的・資金的リソースが投入されることが実現したのである。かくしてMM推進の正当性の根拠は、根源的に言うなら京都市民の内にあった交通まちづくりに向けた（顕在的、あるいは潜在的な）「思い」や「願い」にあったのである。

ステップ3：MMの技術を持った専門家・専門組織の育成・発展

このように、MMのマネージャーとしての「行政」が、交通まちづくりというMMにさまざまなリソースを投入していったのだが、当然ながら、MMの展開にあたってはその展開を進めることができる「人材」や「受注組織」が必要不可欠である。

その点において、京都には京都大学のなかにまちづくりやモビリティに関して長らく研究してきた大学の研究室があり[注6]、これらの研究室が、交通まちづくりMMの展開に技術的支援を図ってきたことに重大な意味がある。同時に、これら研究室からの卒業生も含めたさまざまな交通関係の研究員を抱える京都市内のコンサルタント（システム科学研究所、等）が、京都市の事業を、入札等を

注5　むろんその後、この予算案は市議会の審議をへて、正式に認められることとなる。

注6　北村隆一研究室、中川大研究室、ならびに藤井聡研究室。

へて受注してきたことが重要な役割を担ってきた。

またこれにあわせて、京都市のみならず、京都府や京都国道事務所、京都府警、近畿運輸局、さらには、京阪電鉄、近畿日本鉄道や各種バス会社等の交通事業者等の、京都市役所以外のさまざまな各種組織もMMの展開に興味を持ち、かつそれぞれが具体的な自主的なMMプロジェクトを展開していた。このことはつまり、京都都市圏には**MMに関する一定規模の「公的需要」「公的マーケット」が存在**していたことを意味している。それゆえこうした需要・マーケットで数々のMMプロジェクトを手がけることを通して、京都市内の**コンサルタントのMMに関する技術力が、さらに向上**していったのであった。そしてこうして高められたコンサルタントの技術力が、京都市がMMを通して具体的な成果を上げていくうえで、重要な意味を持っていたのである。どれだけ京都市がリソースを投入しようとも、技術力がなければMMの成功は望めないからである。

同時に、京都都市圏では、上述のさまざまな主体が、MMを実践していたことから、さまざまな組織の間で、MMに関する情報交換や共同作業が盛んであったことも、京都市のMMの展開において重要な意味を持っていた。いわゆる「**発注者側**」の**MMについての**「**理解**」と「**技術力**」、**そして、**「**動機**」が「**相乗効果**」**で向上**していくこととなった。とくに、京都都市圏では、MMの関係者が、毎年、年に数回集まり、共同の可能性を探ることも含めて、MMについての情報交換を行う「**京都都市圏MM協議会**」[注7]が、完全な「任意の組織」として設置されており、これが、京都都市圏全域のMMの展開において、重要な役割を担ってきたのである。

交通まちづくりMMの成果

ところで、上に述べた三つの施策のなかでも、この5年間でとくに重点的に展開されたのが、①

注7　座長が藤井聡、メンバーは、京都市、京都府、京都府警、国土交通省の京都国道事務所と近畿運輸局のMM担当者である。

公共交通施策と、③コミュニケーション施策、であった。[注8] そして公共交通の事業者には民間も含まれているため、施策展開のためには、**複数事業者との間の、絶え間ない「調整」、すなわち「コミュニケーション」**が主軸となっていた。すなわち、この京都市の**総合交通戦略の展開の実体は、文字どおり「コミュニケーション」を主体とする「マネジメント」、すなわちMMそのものであった**のである。

その具体的な内容はのちほど紹介するが、これらの取り組みを通して、13年度末時点で、じつに「約6割の市民」がMMコミュニケーションに接触し、それを通して「**クルマを控えよう」という市民の数が19万人も増加**している、という結果が得られている。そして、過去10年の間に、**京都の自動車分担率は（28・3%から24・3%へと）4.0%も縮減**していることも確認されている。そして、この自動車分担率の削減量は、**関西のどの都市よりも大きな水準**であり、MMの広範かつ持続的な展開の実質的影響を伺い知ることができる。

さらに、市バス事業の収益は、この取り組みが始められる直前の08年度では6億円であったが、MMの取り組みが継続して続けられるとともに年々収益は改善し、11年度には、その約5倍の約29億円になった。

つまり、「交通まちづくり」を公約に掲げた市長が誕生したことを受けて策定された「総合交通戦略」が一つの大きな契機となり、京都市をマネージャーとするMMが加速し、京都市民とのコミュニケーション、交通事業者とのコミュニケーションが促され、具体的な成果として、目標どおりの方向で、京都市全体の自動車依存傾向が低減され、京都市の公共交通事業が活性化していったのである。

図5　京都市バスの黒字額

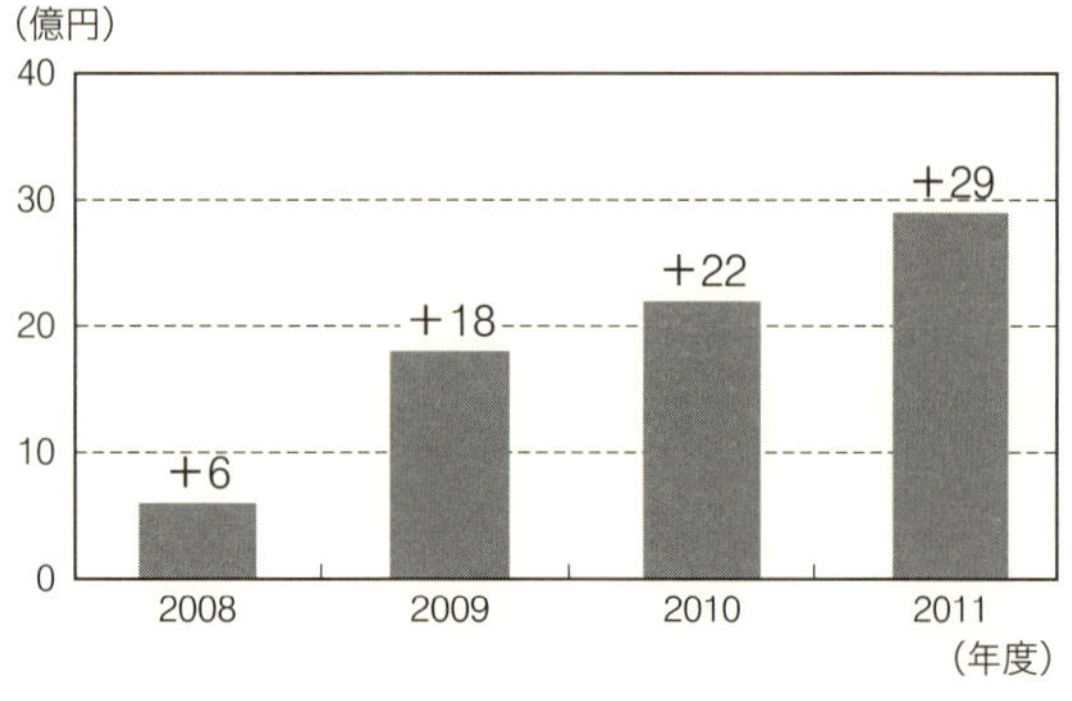

注8　なお、②のまちづくり施策には、LRT等の整備も含まれている。その推進のためには、中長期的なさまざまな調整が必要となるが、この5年間においては、そうした各種調整が図られてきた。

京都の交通まちづくりが「どう進められた」か？

以上のような経緯で、京都市による交通まちづくりとしての、以下のようなＭＭが展開されていくこととなった。

施策１：「歩くまち・京都」憲章の策定と、その広報
施策２：マネジメント会議におけるメンバー全員の意識の共有
施策３：「ラジオ番組」を通した幅広い呼びかけ
施策４：「アンケート」を通した住民コミュニケーション（ワンショットＴＦＰ）
施策５：さまざまな人々に対する働きかけ（特定地域の居住者、新規路線沿線、クルマ来訪者、転入者、市役所職員等の通勤者、小学校、等）
施策６：公共交通サービス改善のための「共同プロジェクト」
施策７：「すべての主たる交通事業者」による共同プロジェクト
施策８：「新規路線」の整備

これらのうち１～５が「コミュニケーション施策」であり、６～７が「公共交通施策」に対応する。以下、これらがどのように具体的に展開されていったのかについて紹介する。

なお、これらのＭＭ施策は、毎年度、京都市からの年間を通した一括公募に応札したコンサルタントが「プロポーザル」で提案した内容に沿うものである。そして京都市からの発注にあたっては、有識者からなるマネジメント会議における議論が参照されており、またコンサルタントの選定後の実際の事業設計においても、当該マネジメント会議の有識者の意見が参照され、長期的な整合性に配慮した諸事業が展開されている。

MM施策1：「歩くまち・京都」憲章の策定と、その広報

MMの成功の第一の秘訣は、「目標意識の明確化とその共有」である。

京都の交通まちづくりMMが、一定の成功を収めているのも、この「第一の秘訣」を、十二分に重視したからに他ならない。そこで目標とされたのは、上述のように「歩くまち・京都」の実現である。

この「**歩くまち・京都**」というイメージは、昔ながらの京都人たちにとっては、とても親しみやすいものであり、かつ、京都人の「プライド」（つまり、**シビックプライド**）をそこはかとなく刺激するものでもあった。そもそも多くの京都人は、京都の伝統と文化に誇りをもっている一方、「モータリゼーション」に代表される近代化によって、京都らしさが失われつつあることを、残念に思っている。そうした背景から、「クルマを乗り回す」のではなく「歩く」ということが「京都らしさ」に繋がるというイメージは、すでに、多くの京都人たちに「潜在的」には共有されていた。それゆえ「歩くまち・京都」を広報すれば、多くの京都市民に一定程度浸透していくことが期待された。

かくして、マネージャーとしての京都市は、この「歩くま

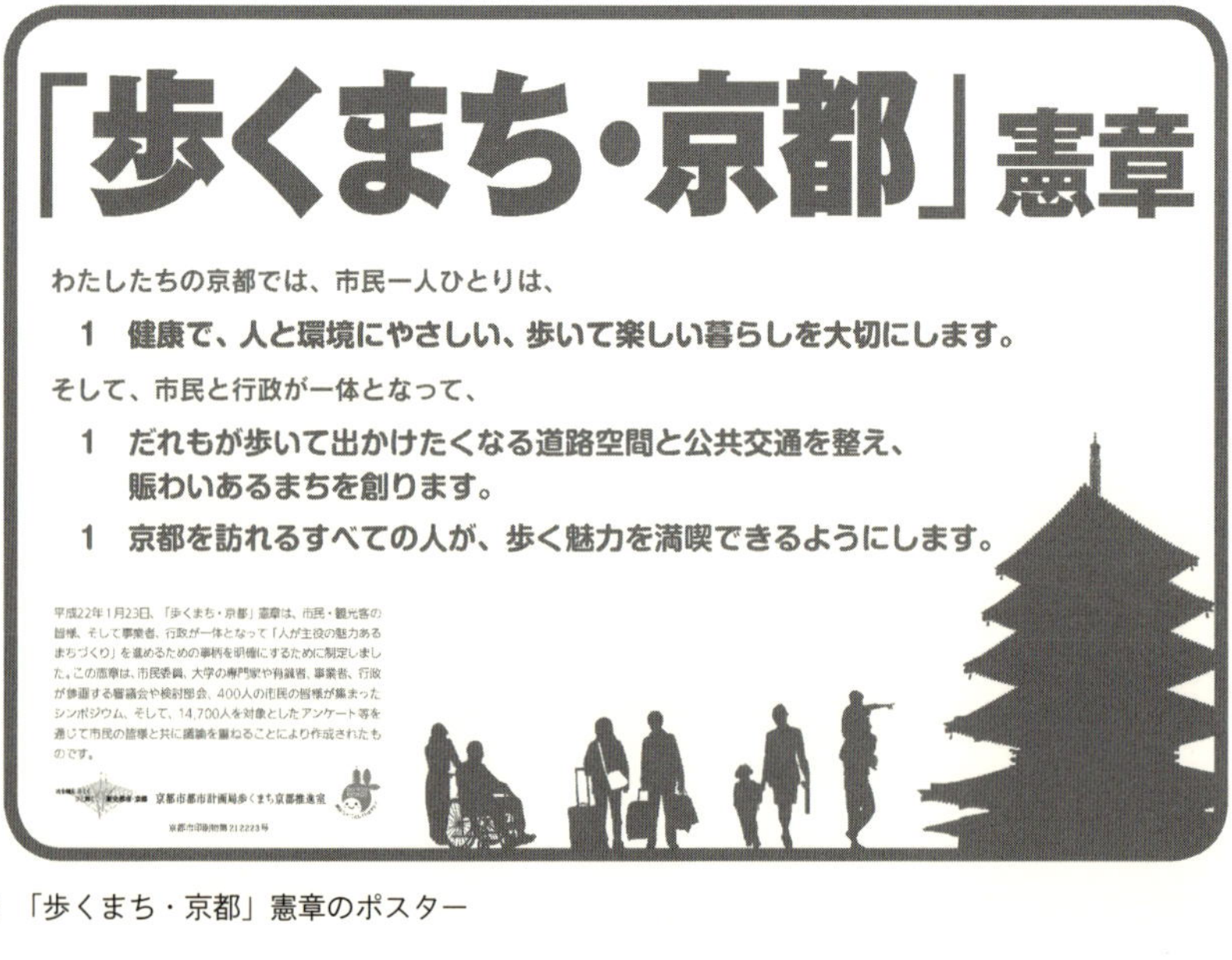

図6　「歩くまち・京都」憲章のポスター

chapter 1

ち・京都」というフレーズとイメージを、さまざまな形で京都市民に「広報」していった。

まず、「歩くまち・京都」をその名称に冠した交通戦略を策定すること自体が一つの広報となっていたと言えるが、その戦略策定直後に行ったのが、『「歩くまち・京都」憲章』の策定であった。憲章とは、「重要なおきて」（広辞苑より）であり、自治体にとっての「憲法」のような存在である。京都市では、市政が始まって以来、二つの憲章が制定されていたが[注9]、それらに引き続く第三番目の憲章として「歩くまち・京都」憲章が策定された（図6参照）。

ただし、この内容もさることながら、「歩くまち・京都」憲章が策定された、ということそれ自身が、「歩くまち・京都」のコンセプトを市民全員に認知してもらうにあたって、重大な意味を持っている。

とりわけ、小学校では、こうした市民憲章が子どもたちに教えられており、「クルマ社会」を全面的に肯定しない態度が、京都市民全員に涵養される効果も考えられる。また、当該憲章については、京都市が発行している「市民新聞」でも複数回取り上げられると同時に、当該憲章のポスターが市内各所に貼られ、このフレーズとコンセプトは、さまざまな形で、市民に広報された。なお、事後調査によると、13年度時点で、こうしたポスターや市民新聞を通して「歩くまち・京都」についての情報に触れた京都市民の割合は、それぞれ約3割程度となっていた。

つまり「憲章」の策定と、その周知という取り組みは、「歩くまち・京都」というMM目標の共有において、重大な役割を担ったのである。

注9　京都市民憲章と、教育についての憲章の二つ。

ＭＭ施策２：マネジメント会議におけるメンバー全員の意識の共有

ところで、この「歩くまち・京都」憲章は、「マネジメント会議」のなかに設置された、住民とのコミュニケーションをとくに検討する部会にて、その文案が検討された。

この部会では、座長は筆者の一人藤井が担当し、副座長には水山京都教育大学教授が就任した。またメンバーは、ＫＢＳ京都等の地元メディアや、商工会議所、観光協会、警察、京都府等の関係者に加えて、公募で選ばれた一般市民であった。

この会議の初期の重要な任務が、上述の憲章文案の検討であった。

言うまでもなく、憲章を考えるには徹底的に、その理念を議論する必要がある。「歩くまち・京都」とは、どういうものなのか、それを実現するためには誰が何をすべきなのか、そういった「歩くまち・京都」の目標について、さまざまに議論が重ねられた。

そして、この議論が、関係者各位の、「目標意識の共有」において重大な意味を担うことになる。繰り返しとなるが、『もしドラ』の成功は、関係者各位の目標意識の共有なのであり、これが、マネジメントの推進の重大な推進力を提供した。そして、この京都市の事例における、**目標意識の共有の重要な第一歩が、マネジメント組織における議論、とりわけ、その目標とするヴィジョンを巡る議論**だったのである。

実際、この部会のメンバーとして参画した水山教授は、小学校の社会科教育の専門家として、京都市内における「ＭＭ教育」の展開において重要な役割を担うこととなり、またＫＢＳ京都の村上氏は、次に紹介する「ラジオを通したＭＭ」の展開において、重要な役割を担うこととなったのである。

このことは、一般の公衆に向けたコミュニケーションを図る以前に（あるいは、それと並行して）、コミュニケーションの「送り手側」において目標を明確に共有化していくことの重要性を意味している。

MM施策3：「ラジオ番組」を通した幅広い呼びかけ

さて、このマネジメント会議の議論を通してでてきた一つのアイディアが地元のラジオ局であるKBS京都ラジオを通して、京都市民、そして京都市民以外の人々を対象として、MMのさまざまなメッセージを提供し、人々の意識と行動に働きかけていく取り組みであった。

この取り組みは、「笑福亭晃瓶《こうへい》のほっかほかラジオ」（毎週月～金の午前6時半～10時）という朝の人気ラジオ番組のなかに、「歩くまち・京都タイム」なる4～5分のコーナーを設置するというものであった。このコーナーは、予算の都合等を勘案しつつ少しずつ形を変えながら、週に2～5回程度を、毎年、秋から冬にかけての3～6カ月程度設置されている。なお、KBS京都の放送エリアは、大阪、奈良、和歌山、滋賀など他府県にも及び、京都市民、京都府民のみならず、関西の広い圏域の人々に呼びかけることができる。

このコーナーでは、交通の専門家とラジオ・パーソナリティの落語家の笑福亭晃瓶さんによる、交通についてのトークが放送される。具体的には、主として以下の三つのテーマが取り扱われた。

①**「クルマ利用は、ほどほどに」**　クルマを使いすぎれば、健康問題や環境問題をもたらすだけでなく、まちの風景や活力の低下を導いたり、事故リスクを高めたりなど、じつにさまざまなデメリットをもたらす（序章の図5参照）。一方で、公共交通や自転車、徒歩での移動には、そうしたデメリットがなく、さまざまなメリットを人々にもたらす。ついては、このテーマではクルマのデメ

リット等について毎回一つずつとりあげ、交通専門家が笑福亭晃瓶さんに語りかけ、トークを展開し、最終的に聴取者全員に、「クルマ利用は、ほどほどに」と、呼びかける。

②**「クルマで京都が見えますか?」** 週末には、京都には多くの観光客が他府県から訪れる。その際クルマで訪れると、京都市内が嵐山や東山といった人気観光地周辺を中心に大渋滞となる。結果、クルマで観光に来た人々は渋滞に巻き込まれ、観光地でゆっくり見て回る時間を失い、最終的に十分京都観光を楽しむことができなくなる。こういうメッセージを、交通専門家が笑福亭晃瓶さんに語りかける形で、主として京都市外の方々に向けて発信する。なお、京都市では、大阪のABCラジオでも同趣旨のコーナーを設けて、メッセージを配信している。

③**「電車やバスは、得でっせ!」** 学識経験者や交通事業者が登壇し、地下鉄やバス、鉄道の「お得な使い方」などの情報を、笑福亭晃瓶さんとトークする。

なお、事後の調査から、KBSラジオの「歩くまち・京都タイム」を聴取した京都市民の割合は、16%程度と示された。つまり、京都市民の6人に1人が、当該ラジオメッセージに触れていたのである。またこのラジオを聴取することで、「クルマを控えよう」と考える人が、約22%程度増加したという結果もあわせて示されている。これらの結果から、京都市内だけで**約5万人(京都市民の3.5%)が、このラジオを通して、「クルマを控えよう」と考えるにいたった**のであった。

MM施策4:「アンケート」を通した住民コミュニケーション(ワンショットTFP)

以上のラジオ、ポスター、新聞等を通した呼びかけは、いわゆる「マス・コミュニケーション」であるが、京都市では、「個別」のコミュニケーションを通して市民の意識や行動に働きかける取り組みもさまざまに展開されている。そのなかで、**TFP**(トラベル・フィードバック・プログラム)

という技術がしばしば採用されている。これはようするに、人々の意識や行動が「変わる」ことを企図して、序章の**図3**のような「アンケート調査」を行うという取り組みである。ここではまず、交通戦略策定時に実施された取り組みを取り上げ、その技術の詳細を解説することとしよう。

ここで紹介する取り組みは、市民に意識と行動に働きかけ、文字どおり「歩くまち・京都」の実現に向けた交通まちづくりを、市民を巻き込んで進めていくことを目的としたものである。京都市主体のワンショットTFPとしては、第一回目の取り組みであった。

具体的には、08年に人口の1%にあたる約1万5千人の京都市民を対象とした「アンケート」を実施するという形で実施された。このアンケートは交通戦略のあり方を考えるための基礎情報を得るという目的を持つものであったが、「クルマからの転換と、まちなかへの来訪を促す」ことを目的としたコミュニケーションの側面も含めて実施された。

ついては、そのなかでとりわけ意識や行動に働きかけることを企図したコミュニケーション・アンケート項目の一部を図7に示す。

まず、「賑わいのあるまちづくり」を目指したほうが良いかどうかを尋ねたうえで（問2）、そのためにはクルマではなく歩く人々が街なかを訪れることが良いかどうかを尋ねた（問3）。そして、「歴史と伝統のあるまち」を維持することが必要か否かを（まちなみ風景の写真を提示しつつ）尋ねた（問4）。これらはいずれも、「賑わいあるまちづくり」「歩く人々」「歴史と伝統のあるまち」が重要であるという**メッセージを直接「伝える」代わりに、質問することで、自然とそれらメッセージが「伝わる」ことを目指した質問**である。実際、これらの問いに同意する回答は、9割前後もの高い水準となった。

そしてこれらを尋ねたうえで、問5にて「伝統的な風景には、クルマよりも歩く人がふさわしい問２　京都は、**“賑わいのある、まちづくり”**を目指した方が良いと思われますか？

□ とてもそう思う
□ そう思う
□ 少しならば、そう思う
□ 全くそのように、思わない → できれば、その理由をお聞かせ下さい

問３　**“賑わいのある、まちづくり”**のために大切なのは、

“道路の上”に、たくさんの“クルマ”が集中しているような状態なのではなく、
“まちなか”に、たくさんの“人々”が集まっている状態

であると、お感じになりますか？

□ とてもそう感じる
□ そう感じる
□ 少しならば、そう感じる
□ 全くそのように、感じない → できれば、その理由をお聞かせ下さい

問４　京都は、**“歴史と伝統のある、まち”**を維持していくべきだと思われますか？

□ とてもそう思う
□ そう思う
□ 少しならば、そう思う
□ 全くそのように、思わない → できれば、その理由をお聞かせ下さい

問５　京都のまちなかには、たくさんの“町家”や、それが連なる“まちなみ”が残され、所々に古いお寺や神社、そして、至る所に“古都のたたずまい”が残されています。
しばしば、

こうした伝統的な風景には、
“走るクルマ”よりも“歩く人々”の方が馴染むのではないか

と指摘されることがあります。
あなたは、このことについて、どうお感じになりますか？

□ とてもそう感じる
□ そう感じる
□ 少しならば、そう感じる
□ 全くそのように、感じない → できれば、その理由をお聞かせ下さい

図７①　京都市の TFP におけるコミュニケーション・アンケート（問２～問５）

問 6　“クルマ”を使っていると、
たくさんの温室効果化ガス（CO_2）が出ることが知られています。

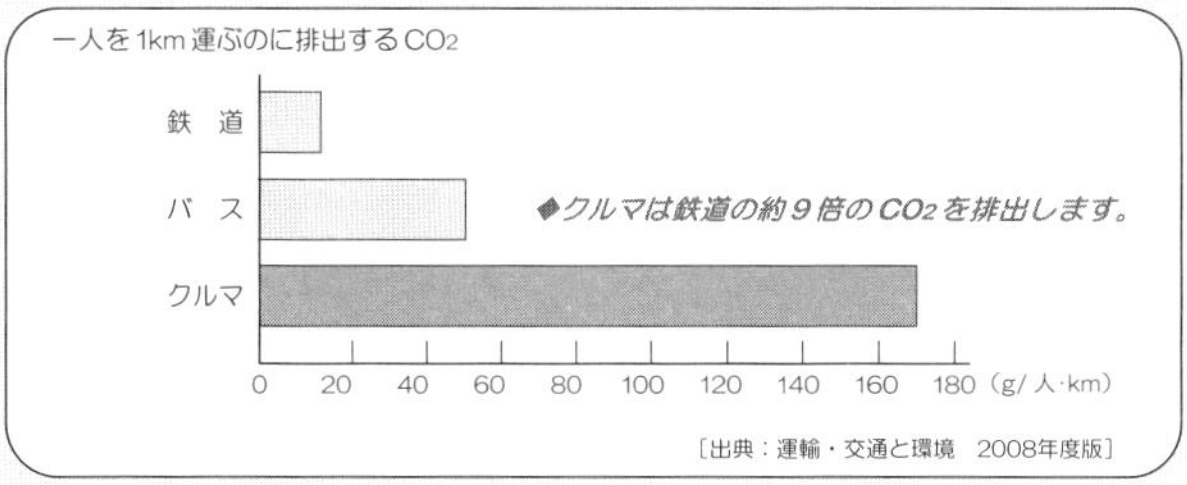

京都市では、「温暖化対策」のためには、
できる範囲で、少しずつでも皆様のクルマ利用を低く抑えていただくことが
とても効果的ではないかと考えています。
あなたは、このことについて、どのように思われますか？

□ 地球温暖化対策のためには、クルマ利用を控えることが最も重要だと思う
□ 地球温暖化対策のためには、クルマ利用を控えるべきだと思う
□ 地球温暖化対策のためにも、できれば、クルマ利用を控えた方が良いと思う
□ クルマ利用は、地球温暖化とは何の関係もない → できれば、その理由をお聞かせ下さい

問 8　健康のために「歩くこと」がとても大切だということがしばしば指摘されています。
しかし、クルマばかり使っていると、「歩く」機会が減って、
健康やダイエットにあまり望ましくないとも言われています。

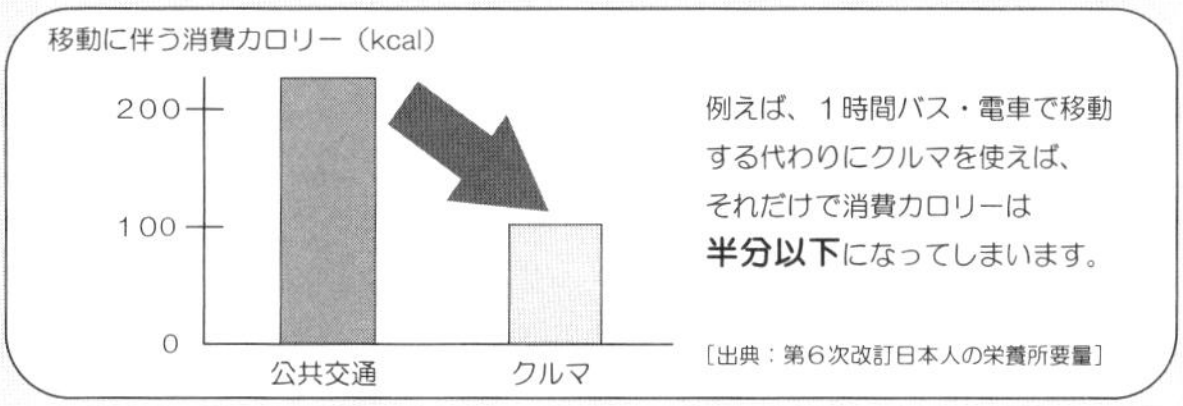

上のグラフのように、クルマを使うと、公共交通を使う場合よりも、
カロリー消費量が半減してしまう場合もあることが知られています。
あなたは、このことについて、どのように思われますか？

□ 健康やダイエットのためには、是非ともクルマを控えるべきだと思う
□ 健康やダイエットのためには、クルマを控えた方が良いと思う
□ できることならば、健康やダイエットのためにも、クルマを控えた方が良いと思う
□ クルマをどれだけ使っても、健康やダイエットには関係ない → できれば、その理由をお聞かせ下さい

図 7 ②　京都市の TFP におけるコミュニケーション・アンケート（問 6、問 8）

問9　京都市では、「歴史的なまち並み」と「まちの賑わい」のためにも、そして、「環境」や「健康・ダイエット」などのためにも、「クルマ中心のまちづくり」よりは、「公共交通や徒歩・自転車を大切にしたまちづくり」を進めることが大切ではないかと考えています。
ついては、京都市では、
「歩くまち・京都」
というキャッチフレーズの下、そうしたまちづくりを進めようと考えています。

この「考え方」について、どのようにお感じになりますか？

- □ とても強く同意できる考え方だ
- □ 理解できる考え方だ
- □ 少しなら、理解できる考え方だ
- □ 全く、同意できない考え方だ →（できれば、その理由をお聞かせ下さい）

問10　あなたご自身は、「クルマ利用」をできるだけ控えた方が良いと思われますか？

- □ クルマを全く利用していない（→最後の④へ）
- □ とても強く、そう思う
- □ そう思う
- □ 少しならば、そう思う
- □ 全くそのように思わない

問11　もしも「クルマ利用を減らす」としたら、どんなことができると思われますか？
記入例にならって、ご自由にお書き下さい。

右の（記入例）を参考に、できれば、できるだけ詳しく、また、複数ご記入下さい。

（記入例）
- ・クルマで通学をしているが、これからは「自転車」で通学するようにする。
- ・毎日クルマ通勤をしていたが、これからは○○駅まで歩いて行って、地下鉄で行くようにする。
- ・週末にクルマでまとめ買いすることが多かったが、なるべく仕事帰りなどにこまめに買ってクルマを使った買い物の回数を減らす。

図7③　京都市のTFPにおけるコミュニケーション・アンケート（問9～問11）

かどうか」を尋ねた。これもまた「**伝統的な風景には、クルマよりも歩く人がふさわしい**」という**メッセージが「伝わる」ことを企図した質問**である。このメッセージは、MMのマネージャーたる京都市が考える「歩くまち・京都」のヴィジョンそのものであり、したがってこの質問は、「歩くまち・京都のヴィジョンの市民との共有」を目指したものなのである。

もちろん、問2〜4を尋ねずに問5だけを尋ねても同趣旨の効果は期待できるものの、より「自然」に問5に込めたメッセージが「伝わる」ためにも、「事前」に問2〜4の一つ一つに込めたメッセージを伝えておくことが効果的であると考えたしだいである。実際、この「歩くまち・京都」のヴィジョンに同意する割合は95%というとりわけ高い水準であり、コミュニケーション・アンケートの設計時に、MMマネージャーが意図したとおりに大多数の（アンケート回答者と）ヴィジョンの共有が果たせたものと考えられる。

さて、以上に引き続き、クルマ利用が環境や健康に悪影響を及ぼしている、という事実情報を提示しつつ、それらを理由に「クルマ利用を控えようと思うか否か」等を尋ねた（問6、問8）。これらの項目ももちろん、「環境にワルイ、クルマ利用を控えるべき」「健康にワルイ、クルマ利用を控えるべき」というメッセージが「**伝わる**」ことを企図して設置したものである。いずれの項目についても、「控えようと思う」という方向の回答をした割合が9割前後にも上がっている。

以上を尋ねたうえで、問9にて「クルマを控えようと思うかどうか」を尋ね、控えるべきだという認識を活性化したうえで、問10で「クルマを減らすとすれば、どのように具体的に減らすのか？」を自由記述の形で記述することを求めた。

この問10の質問は、「行動を変えるためにどうすればよいか？」について重ねられてきた心理学研究で、きわめて効果的な技術であることが実証されてきた「行動プラン法」と呼ばれるものの考え方を応用したものである。つまり問9までで「行動を変えよう」という動機を活性化したうえで、この問10で「具体的に、どのように行動を変えるのか?」を考えてもらうことで、実際に行動が「変わる」可能性を、増進させるという方法である。

さて、事後調査から、「このアンケートをきっかけとしてクルマ利用を減らした」と回答した割合が、じつに50%以上に達していることが示された。あわせて、まちなかへの来訪頻度が、約1割増えると同時に、クルマでまちなかへ来訪する頻度が半減する一方、公共交通でまちなかに来訪する頻度が約2割増えていることが示された。つまり、このワンショットTFPを契機として、まちなかへの来訪者が増えた一方、クルマでの来訪する傾向が低下したのである。この結果は、文字どおり、「歩くまち・京都」が目指している方向のモビリティの変容が生じたことを示すものである。

MM施策5：さまざまな人々に対する働きかけ

以上のアンケートを用いたTFPの取り組みの成功を受けて、京都市では、市内各地で、同様の取り組みをさまざまな対象、さまざまな目的の下、多面的に展開していった。

これらのMMの展開にあたっては、京都市が主体的に行ったものや、地元主導で行われたもの、そして国の機関(国道事務所)が行うものに対して京都市が協力したものなど、さまざまなものがある。以下、京都市内で「居住者」をダイレクトに対象として展開されたコミュニケーション施策の代表的なものを、いくつか紹介する。

①モーダルシフトを目指したTFP　「地下鉄」「鉄道」の沿線を中心とした、クルマから公共交通へのモーダルシフトが生じやすいと期待される地域、すなわち公共交通の利用促進が可能であると考えられる一部の地域(四つの学区)を抽出し、その居住世帯1万4千世帯を対象に、先の節にて

詳しく解説したTFPと同種類の「コミュニケーション・アンケート」を配布し、これを通してクルマからのモーダルシフトを呼びかけた。具体的には、当該アンケートに、序章の**図5**のような、クルマからのモーダルシフトを呼びかける趣旨のメッセージのチラシを同封し、かつ、これらの情報メッセージに確実に目を通し、クルマ利用を控え、公共交通を利用しようとする動機を活性化することを意図した「アンケートの質問項目」を設置した。

また、このアンケートのなかで「もっと詳しい、公共交通情報をご希望ですか?」と尋ね、希望者に対して、「2回目」の接触を図って当該地域のより詳しい公共交通情報など、さらなる情報を提供するという取り組みを行った。

なおこれらの取り組みを通して、事後調査から、クルマでの外出率が約2割減少し、公共交通での外出率が1割強増加していることが確認されている。

②新規路線の利用促進　新しいバス路線が設置された地域（南太秦学区）にて、当該バス路線の利用を促すためのコミュニケーション施策が継続的に続けられた。この地域では、まず、地域住民参加ワークショップを継続的に開催し、当該地域の人々が中心となってバス・地下鉄で外出する際に便利な「お出かけマップ」を「利用者目線」にて作成し、これを、周辺住民に配布した。さらにその後、より携帯が便利な「ポケット時刻表」を作成し配布する形で、バスの利用を地域住民に継続的に訴えかけた。

なお、この取り組みは、京都市が直接実施したものではなく、地元の「自治会」と「区役所」が、当該地区居住者の学識経験者の協力を得て実施した**地元主導**のものであった。ただし、京都市はこうした地元主導のMMプロジェクトの展開を企図して、**一件あたり30万円程度の補助（継続の場合は10万円）を支給**し、地域MMの展開を毎年支援している。[注10] この南太秦学区の取り組みは、そうし

注10　京都市のこの「補助事業」は、毎年5件程度採択されており、これを毎年続けることで、京都市民、自らの手によるMMが徐々に自発的に拡大していくという成果が生まれている。『もしドラ』でも何度も強調されていたように、関係者の自発性・やる気を引き出すことこそが、マネジメントのすべての基本となっているのであり、したがってこの補助事業の成果は、ドラッカーが考えるマネジメントの理念にそのまま沿ったものだということができる。

た支援事業を活用して展開されたものである。[注11]

そして、こうした取り組みを通して、当初、480人だった1日平均利用者が、1千人を越えるまでに増加している。そしてこれを受けて、京都市交通局も、ダイヤを改正して運行頻度を増やす対応をとっている。つまり、住民主体の取り組みで、**利用者が増え、結果、運行頻度が増えるという形で地域モビリティの質が向上した**のである。なお、この取り組みには、JCOMMプロジェクト賞（コラム「モビリティ・マネジメントに係る表彰制度」を参照）が12年度に授与されている。

③渋滞対策のためのワンショットTFP　京都市と大津市を結ぶ国道1号線は、慢性的な渋滞に苛まれていた。国土交通省の京都国道事務所は、この渋滞の緩和、解消を企図してさまざまな対策を進めていたが、長年、渋滞解消が叶わず、ほとんど打つ手がなくなりつつある状況であった。こうした状況のなかで、国道の沿線住民、および沿線の事業所の通勤者を対象として、「クルマ通勤からのモーダルシフト」を企図して、序章の**図2**で紹介した**コミュニケーション・アンケートを用いたワンショットTFP**を、複数年次にかけて推進している。この取り組みでは、公共交通のサービス水準を勘案しつつ、TFPを通して効果的に転換できる地区を選定し、その地区の世帯と事業所を対象として、毎年数千人から1万人程度を対象としつつ、継続的に実施している。

なお、事業所の通勤者を対象とする取り組みでは、「**エコ通勤**」という文言を用いて、モーダルシフトを促している。（コラム「エコ通勤優良事業所認証制度」を参照）

これまで、3年にわたって推進され、1号線の利用車両を、1日あたり約500台削減したと推計されている。

④クルマ来訪者への働きかけ　休日の渋滞の主な原因は、市外からのクルマでの観光客である。この問題の緩和を企図して、市内の観光地周辺の駐車場を利用するドライバーに、「京都は、クルマ

注11　土井勉他『まちづくりDIY―愉しく！続ける！コツ』学芸出版社、2014年、「09 思いこみを解消し自発的なバス利用促進を実現」に詳しい。

〈コラム〉 エコ通勤優良事業所認証制度

「エコ通勤」とは、通勤手段を自家用自動車から、より環境負荷の少ない電車・バス等の公共交通機関、自転車、徒歩などへ利用転換することを促す取り組みのことを指す。地球温暖化防止、渋滞緩和、健康増進、公共交通利用による事故の削減のほか、地域の活性化につながることもあるなど、地域、事業所、従業員それぞれにとってメリットが生じると考えられている。

09年6月には、エコ通勤の普及促進を図ることを目的として「エコ通勤優良事業所認証制度」が創設された。これは、エコ通勤に関して高い意識を持ち、エコ通勤に関する取り組みを自主的かつ積極的に推進している事業所を認証・登録し、その取り組みを国民に広く紹介する制度で、15年5月末現在で641事業所が登録されている。

認証を受けると、事業所名等が認証制度ホームページなどで紹介されるとともに、登録証が交付され、自社ホームページや刊行物にロゴマークを入れてアピールすることができる。また、とくに優秀な取り組みを行っている事業所は、「交通関係環境保全優良事業者等大臣表彰」として国土交通大臣から表彰されることもある。

認証を受けるためには、従業員に対する公共交通利用の呼びかけや情報提供、徒歩・自転車通勤の奨励等の、何らかのエコ通勤に関する取り組みの状況を記載し、公共交通利用推進等マネジメント協議会（認証制度事務局：国土交通省、（公財）交通エコロジー・モビリティ財団）に申請することで認証が受けられ、1年ごとに取り組み状況の報告が行われる。全国で積極的な取り組みが進むよう、簡単に始められる制度となっている。

参考に、09年度以降の大臣表彰受賞者名を紹介する。

・09年度：日東電工㈱尾道事業所
・10年度：㈱八十二銀行グループ
・11年度：（グリーンフロント堺）シャープ㈱堺事業所
・12年度：松山市
・13年度：㈱神戸製鋼所加古川製鉄所
　ヤマハ発動機㈱
　さいたま市
・14年度：豊橋市

図　エコ通勤優良事業所認証ロゴ

〈コラム〉 モビリティ・マネジメントに係る表彰制度

ＭＭの「実務発展」と「技術発展」を企図したいくつかの表彰制度が創設されている。

◆ＪＣＯＭＭ賞

国内のさまざまなＭＭの取り組みや研究のなかでも、とくに優秀な取り組みやツール、研究に対して、学識経験者、行政、コンサルタントから構成されるＪＣＯＭＭ実行委員会が選定を行い、その実現に貢献した個人あるいは団体を表彰する制度として07年に創設されたものである。ＭＭの計画性・戦略性、推進体制の適切性等の観点から審査される「ＪＣＯＭＭマネジメント賞」、交通上の諸問題の緩和に対する実質的貢献、交通上の諸問題の抜本的緩和に繋がりうる新規性等の観点から審査される「ＪＣＯＭＭプロジェクト賞」、ＭＭツールの意匠性、機能性、実務的活用可能性等から審査される「ＪＣＯＭＭデザイン賞」、技術的な新規性、有用性等から審査される「ＪＣＯＭＭ技術賞」の部門別に、毎年全国から多数の応募が寄せられている。

◆ＥＳＴ交通環境大賞

国や業界団体、学識経験者等の参加のもと、交通エコロジー・モビリティ財団を事務局として開始された「ＥＳＴ（環境的に持続可能な交通：Environmentally Sustainable Transport）普及推進事業」の一環として、地域の交通環境対策に関する取り組み事例を発掘し、優れた取り組みの功績や努力を表彰するとともに、その取り組みを広く紹介し、普及を図ることを目的として、２００９年度に創設されたものである。大賞（国土交通大臣賞、環境大臣賞）、優秀賞、奨励賞が設けられ、地域の交通問題を解消することを通じて環境改善に貢献している地方自治体や交通事業者が選定されている。

こうした表彰制度は、成功事例の普及活動を通じた「実務発展」と「技術発展」の側面に加えて、受賞者の多くが、ＨＰ等を通じて授賞式の様子を掲載するなどして受賞の喜びを報告している。受賞をきっかけとして、プロジェクトの成功に不可欠な実務担当者や関係者の努力や熱意が報われ、それを通じて、次年度以降のプロジェクトの改善や継続のモチベーション向上に寄与しているものと期待される。

表　過去の JCOMM 賞受賞プロジェクト／ツール一覧

種別	年度	受賞対象プロジェクト／ツール名	受賞者
プロジェクト賞	2014	「阪高 SAFETY ナビ」の普遍化による総合的な事故削減を目指す取り組み	阪神高速道路株式会社他
	2014	明石市 Taco バス：PDCA による 100 万人までの軌跡	兵庫県明石市土木交通部交通政策室他
	2014	大学生による交通まち育ての挑戦	H･O･T Managers
	2013	社員プロジェクトチームによる顧客満足度向上、及び MM 技術を応用した観光行動変容の取組み	江ノ島電鉄株式会社他
	2013	神門通りの出雲大社門前にふさわしい風格とにぎわい再生事業	島根県土木部他
	2012	映画・ラジオ・LRT・シビックプライドを活用した富山の地域文化の活用と発展を企図した『とやまレールライフ・プロジェクト』	富山市他
	2012	京都らくなんエクスプレス―大学・民間・行政が協働で生み出し成長を続けるバスシステム―	京都大学大学院 低炭素都市圏政策ユニット他
	2012	京都市右京区南太秦学区における住民参加型バス利用促進 MM の継続的実施	右京区南太秦自治連合会他
	2011	金沢市内の小学校を対象とした金沢版交通環境学習の継続的取り組み	金沢市都市政策局交通政策部歩ける環境推進課他
	2011	観・感・環、「ikeko」で発見！いけだのまねきエコ～大阪池田市の地域通貨「ikeko」と連携した MM と、一連の MM パッケージ展開～	特定非営利活動法人いけだエコスタッフ他
	2010	当別町地域公共交通活性化再生事業	当別町地域公共交通活性化協議会他
	2009	倉敷・水島コンビナート・エコ通勤実証実験の取り組み～大規模事業所 8 社を対象としたエコ通勤に向けた取り組み～	水島コンビナート・エコ通勤検討協議会事務局
	2009	大学生による富士市特定バス路線の利用促進策とその効果分析	南山大学石川研究室他
	2008	筑波大学新学内バス導入と利用促進 MM プロジェクト	筑波大学
	2008	別所線の利用促進と沿線の観光振興を目的とした観光型モビリティ・マネジメント	国土交通省北陸信越運輸局他
	2008	免許更新時講習等を活用したモビリティ・マネジメントの取組とその効果	京都都市圏 CO_2 排出削減広報検討会議
デザイン賞	2014	日立電鉄線跡地を活用した『ひたち BRT』におけるデザインツール群	ひたちＢＲＴサポーターズクラブ他
	2013	甲府北部地域バスマップ	甲府市企画部リニア交通室交通政策課他
	2012	キャラクターや PR ソングでイメージ統一したまめバス利用促進ツール一式	草津市都市建設部交通政策課他
	2012	どこでもバスブック・バスマップ松江とマップをベースにした様々な情報提供ツール	田中隆一（特定非営利活動法人プロジェクトゆうあい）
	2012	当別ふれあいバスシリーズ①「みんなのふれバ」当別ふれあいバスシリーズ②「笑顔のリレー」	当別町他
	2011	広報おおたけ	大竹市
	2011	広島市のノーマイカーデー運動支援 WEB サイト『マイカー乗るまぁデーくらぶ』	広島市道路交通局都市交通部他
	2010	仙台市内及び近郊 8 大学交通情報マップ	仙台市他
	2009	名チャリマップおよび名チャリ VI	名チャリプロジェクトチーム
	2009	「バスマップ沖縄」紙版マップ及び Web サイト	谷田貝哲他
	2008	ふくいのりのりマップをはじめとするホジロバ交通情報関連ツール一式	特定非営利活動法人ふくい路面電車とまちづくりの会（ROBA）
	2008	茨城県内高校新入生のための公共交通利用促進パンフレット	茨城県公共交通活性化会議他
	2007	福岡における『かしこいクルマの使い方』を考えるプログラム情報グッズ群	小椎尾優他
	2007	wap（和歌山都市交圏公共交通路線図）	WCAN 交通まちづくり分科会マップチーム
マネジメント賞	2014	小学校における札幌らしい交通環境学習推進事業	札幌らしい交通環境学習検討委員会他
	2013	八戸市･圏域内における多方面的かつ戦略的公共交通利用促進マネジメント	八戸市他
	2012	「歩くまち・京都」実現に向けたスローライフ京都大作戦	京都市都市計画局歩くまち京都推進室他
	2012	当別ふれあいバスの確保・維持に関する多様な取組み	当別町他
	2010	神戸における EST モデル事業	神戸市 TDM 研究会他
	2010	松江 3M（Matsue - Mobility - Management）－「ひと」「まち」「地球」の縁結び－	松江市公共交通利用促進市民会議他
	2008	福山都市圏におけるベスト運動を核としたモビリティ・マネジメント－交通円滑化総合計画を活かした 5 年間に渡る包括的な取り組み－	福山都市圏交通円滑化総合計画推進委員会事務局
	2007	かしこいクルマの使い方を考えるプロジェクト京都	京都府
	2007	大分市を中心とする地域における公共交通転換可能性調査事業	公共交通機関利用促進対策事業調査実施委員会
技術賞	2013	地方都市における健康支援に着目した一連の低炭素交通政策導入に関する有効性の評価	真坂美江子他
	2012	中山間地の高齢者を対象としたモビリティ・マネジメントにおける世帯訪問・対話の有効性の実証	神谷貴浩他
	2010	熊本電鉄の利用促進のための一連の MM 施策とその有効性の評価	溝上章志他
	2009	先進的オンデマンドバスシステムの開発と評価	坪内孝太他
	2008	WebGIS を活用した交通行動自己判断システムの開発とトラベル・フィードバック・プログラムへの適用	大森宣暁他
	2007	健康歩行量 TFP に向けた技術開発	中井祥太他

※なお、受賞者が複数の場合、一人／一団体のみを記載している。
全受賞者は「JCOMM 賞」で検索、または http://www.jcomm.or.jp/award/jcomm_award.html を参照されたい。

よりも公共交通でまわる方が、得します」というメッセージを明記した、「公共交通でまわる京都観光マップ」を配布した（図8）。これまで毎年、1万5千枚のマップを配布してきた。なお、このマップは、市内の宿泊施設でも配布されている。

⑤「転入者」への公共交通情報提供　一般のクルマ利用者は、そもそも公共交通の情報に興味を持たず、「自分には関係ない」と認識する傾向が強い。したがって、ただたんに公共交通情報を全戸配布したところで、それがどれだけ分かりやすいものでも、クルマ利用者はそれを見ない可能性が高い。ところがそんなクルマ利用者でも、「引っ越した時」には新しい住まいの地域情報に強い関心を示すのが一般的だ。したがって転入者に対して公共交通の情報を提供するのは、きわめて効果的である。実際、過去の実験より、転入者への働きかけはその後の交通行動に大きな影響を長期的に及ぼし続けることが実証的に明らかにされている。京都市ではそうした認識から、転入者が区役所に転入手続きを行う際に立ち寄る窓口で、公共交通マップをすべての区役所で継続的に提供している（約1万5千件程度）。

⑥「エコ通勤」の呼びかけ　一方、市内の渋滞の主要因は、市内の職場へのクルマ通勤である。またクルマで通勤する人々は、それ以外の局面でもクルマ利用をする傾向が高い。したがってクルマ通勤の抑制は、市内全体のモーダルシフトにおいて重要な意味を持つ。この認識から京都市内の職場に対して、「エコ通勤」という政府（国交省）が用いている言葉を用いつつ、「クルマ通勤のモーダルシフト」を呼びかける取り組みを行っている。まずその皮切りとして、1万5千人の京都市役所職員（小中学校関係者含む）を対象に、エコ通勤の取り組みを進めている。

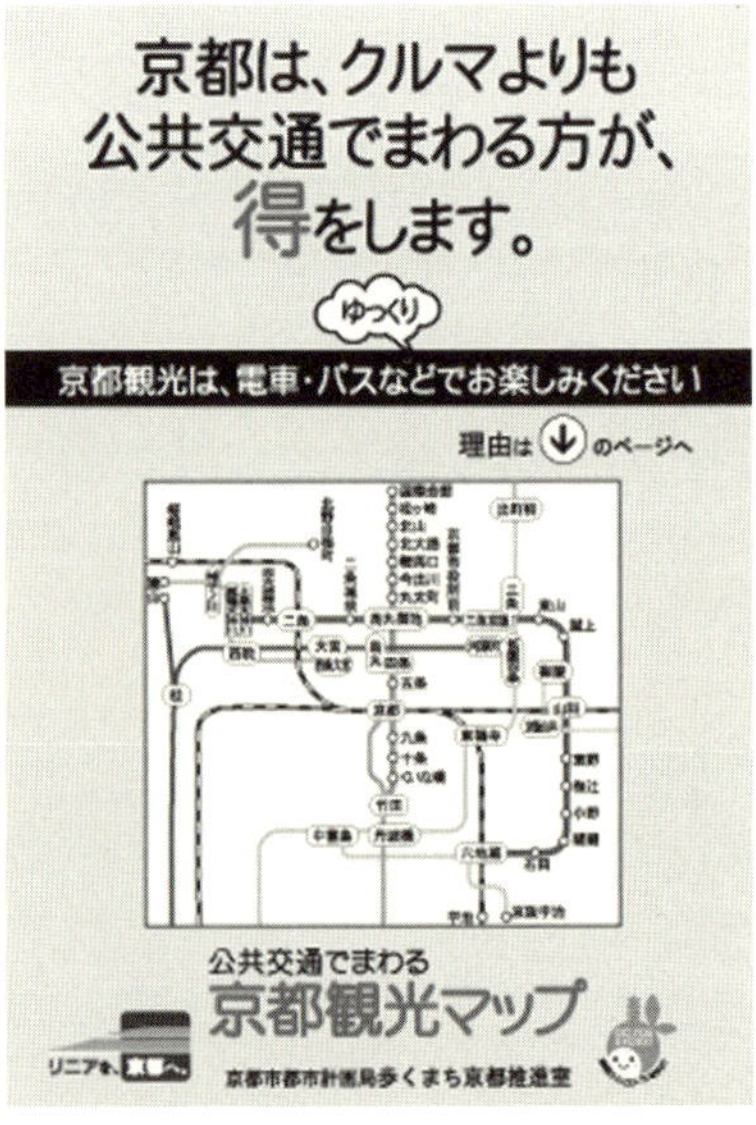

図8　公共交通でまわる京都観光マップ

⑦小学校でのMM教育　京都市内には、166の市立小学校があり、この全校の生徒に、「歩くまち・京都憲章」を周知するための資料が配布されている。これと同時に、小学校5年生全員に配布される「環境副読本」のなかに、「かしこいクルマの使い方を考える」と題した項目が4頁にわたって挿入されている。この頁では、**序章の図5**に掲載した情報を分かりやすく紹介するとともに、「クルマの使いすぎが、まちの衰退を導く」というイメージをイラストとともに紹介している。また、12年からは、京都のマネジメント会議のなかでもとくに「コミュニケーション施策」を議論する小委員会の副座長を務めている水山京都教育大学教授の指導のもと、この副読本に書かれた内容を、小学校低学年、中学年、高学年でそれぞれ教えていく「MM教育」の授業を実践し始めている。なお、MM教育の詳細については、第4章にて、詳しく紹介する。

MM施策6：公共交通サービス改善のための「共同プロジェクト」

このように、MMの「マネージャー」である京都市が、受注コンサルタントのプロポーザルと有識者たちからなるマネジメント会議の検討を参考としながら、さまざまな階層の人々に接触しつつ、「歩くまち・京都」の考え方の共有を図り、実際の行動が「変わる」ことを目指したさまざまな取り組みが進められてきたのだが、京都市ではそれと同時に「**公共交通のサービスレベルを改善する取り組み**」（**公共交通施策**）もさまざまに展開している。

ただし、公共交通を運営するのは、京都市交通局のみでなく、多数の「民間」の交通事業者（JR、京阪、阪急、近鉄等と各種バス会社）である。したがって、京都都市圏の公共交通サービスの向上を図るためには、こうした複数の交通事業者の間、ならびに京都市とこうした複数事業者との間で、多面的な「コミュニケーション」を図り、そのうえで徹底的な「調整」を図っていくことが必要不可欠である。

京都市では、こうした認識のもと、こうしたコミュニケーションや意見交換、調整を図るための特別の会議（公共交通ネットワーク推進会議）を設置した。この会議の構成メンバーは、各種交通事業者である（なお、事務局は京都市、座長は学識経験者である）。いわばこの会議は、公共交通のサービスレベルの向上というMMのためのマネジメント会議の役割を担うものとして位置づけられる。

さて、この公共交通の改善に向けた取り組みにおける代表的な事例が、複数事業者によるバス停、ダイヤの改善プロジェクトである。

そもそも京都市内には複数のバス事業者が運行している。これらバス事業者が、特定地域で自社の利益のみを追求して競争をすれば、当該地域のサービス水準は向上するどころか劣化する。各事業者がダイヤをバラバラに組み、かつ時刻表も一つにまとめたものがどこにもなく、バス停も複数社のものが同じ場所に文字どおり「林立」していた。利用者にとっては、「不便」かつ「分かりにくい」ものとなっていた。

京都市は、この問題がとくに顕著であった洛西地域でその問題を改善するために、当該地域の４バス事業者と阪急電車が互いに

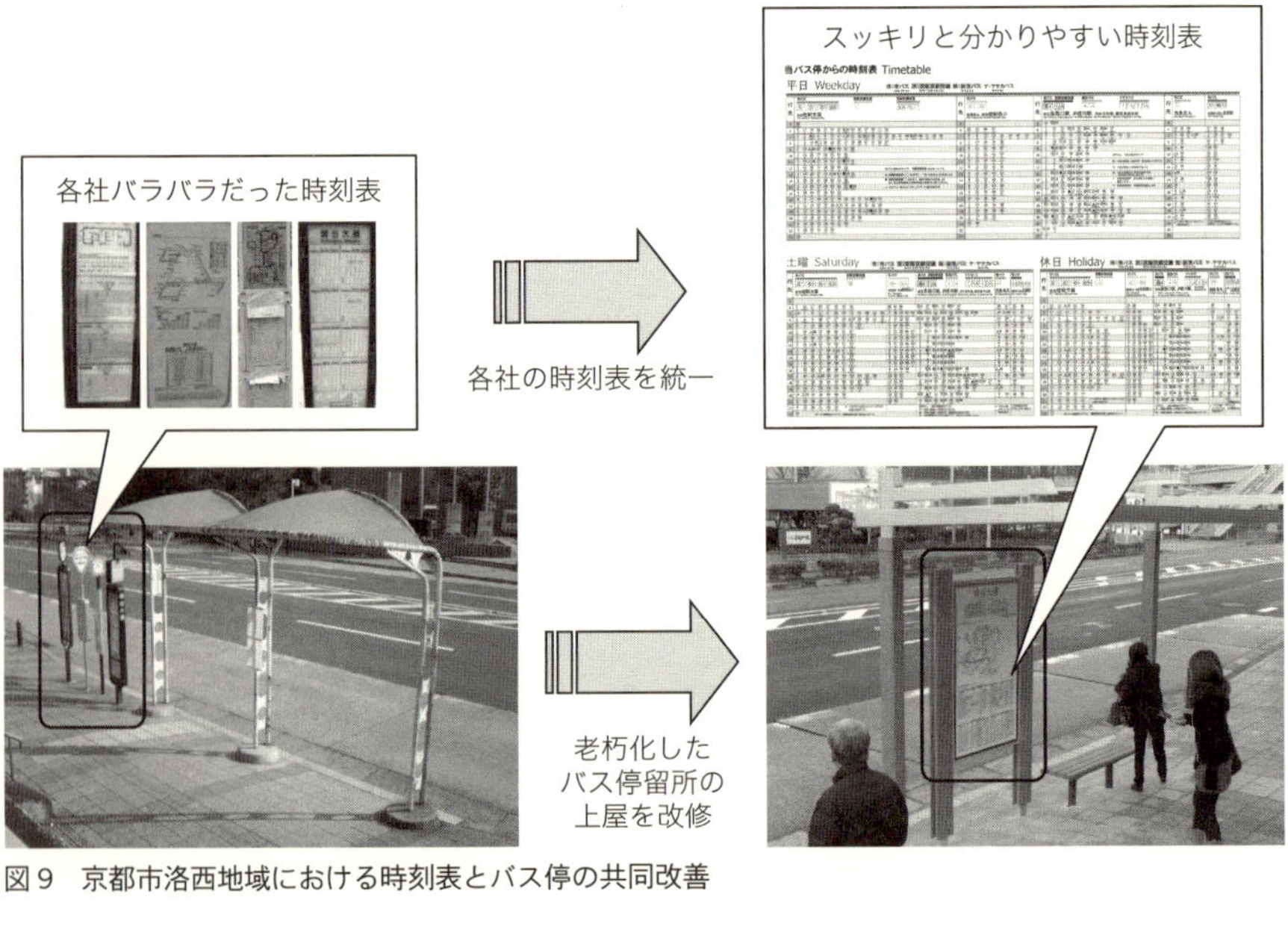

図９　京都市洛西地域における時刻表とバス停の共同改善

協力し、「利用者にとって便利で、分かりやすいもの」にするための協議を行う場を設けた。そして各事業者の利害が相反するなか「**共同して、バスのサービス水準をあげて、全体の利用者を増やそう」という共通の目的を京都市が提案し、互いの利害得失を乗り越えるための協議、調整が図られた**。これはまさに、『もしドラ』の物語が示している「目標の設定と関係者間での共有」さえできれば事態が大きく前進する、というものの典型例である。事実、時刻表やバス停は、図9のような改善が図られ、そして、ダイヤそれ自身も複数社、複数路線で調整され、各社バラバラだった出発時刻が、(増便も含めて)「昼間は10分間隔」に再調整された。加えて鉄道駅のバス停では、当該駅の「特急」の時刻にあわせた調整がなされた。

また、こうした成功を受けて、これと同趣旨のバスサービスの共同改善プロジェクトが、市内のさまざまな地区[注12]で進められている。

MM施策7:「すべての主たる交通事業者」による共同プロジェクト

繰り返しとなるが、都市圏内で、各種交通事業者は「競合関係」にある。したがって、そのままの状態ではなかなか「協力関係」はできあがらず、結果「公共交通全体のパイ」が「クルマ」に喰われ、ますますじり貧状態へと突入する。その結果、限られたパイの奪い合いが激化しますます協力できなくなり、「クルマ」にそのパイを奪われていくという悪循環が加速する。こうした悪循環を断ち切り、「パイ」それ自身を増やし、交通事業者同士が「共存共栄」する状況をつくるためには、何らかの「きっかけ」が不可欠である。その「きっかけ」の一つが、先に紹介したMMマネージャーである京都市の提案のもとで進められた、ダイヤと時刻表の統一化に向けた共同プロジェクトであった。

注12　阪急桂駅、JR桂川駅、境谷大橋のりば、四条大宮駅、出町柳駅、四条河原町等。

ただし、その協力事業は、参画する事業者数も、当該地域の四者に限られていた。したがって、事業者全員の協力の「機運」を増進させるには、全員が参加できる共同プロジェクトを始動することが得策となる。

こうした背景から進められたのが、「京都フリーパス」の発行であった。

①「京都フリーパス」の発行　これは、関西の鉄道事業者7社局、バス事業者7社局との連携により、京都市内14のバス・電車が、2千円ですべて乗り放題となるパスである。このチケットは、12月から3月の期間限定で、毎年発売されており、年々、発行枚数は増加している。

こうしたフリーパスのプロジェクトでは、売り上げをどのように配分するかを中心として、さまざまな「調整」が必要となる。そしてこうした「調整」とはもちろん、事業者間の「コミュニケーション」を意味している。したがって、このプロジェクト以前では、必ずしも十分に「顔をあわせ」「情報交換」をしてこなかった事業者同士が少なからず存在していたなか、こうした共同プロジェクトによって、交通事業者間の関係性・コネクションが強化された。

しばしば、こういう社会的な繋がりは「ソーシャルキャピタル」(社会関係資本)と呼ばれるが、この社会的な繋がりがある「土壌」があったからこそ、上述の「過剰な競合から、適切な協力へ」の展開が期待できることとなる。先に紹介した複数事業者の共同プロジェクトも、こうした「土壌」があったからこそ、京都市全域に広がりを見せつつあるということができる。そしてさらには、次に紹介する交通事業者が全員参画する「公共交通センター」の設置へと繋がっていくこととなる。

図10　京都市内の複数事業者の乗り物が乗り放題となる「京都フリーパス」
注:1日フリー版おとな1枚2千円、こども1枚千円、2日フリー版おとなもある。(※出発地により金額が異なる)詳細は京都市役所「歩くまち京都推進室」のHP参照。

②公共交通センターの設置　「公共交通センター」とは、京都駅前の「交通案内所」と「ホームページ」を設置し、公共交通についての情報を広く観光客と京都市民を対象に提供するセンターである。その運営を担うのが、この運営のために設立された**NPO法人（歩くまち・京都フォーラム）**である。このNPO法人は、京都市内の交通事業者と京都市が会員となる一方、代表を学識経験者、事務局を同じく京都市（歩くまち京都推進室）が担当するもので、その運営経費（案内所の人件費や、HP整備・運用費）は、「会員の会費」**（各交通事業者がそれぞれ3万円〜10万円程度の合計100万円程度、京都市が200万円）**で賄われる。

つまり、先の京都フリーパスの共同の理念をさらに拡大、発展させ、各交通事業者が一部「身銭」を切るかたちで、「公共交通の利用者」を増やしていくために「協力」していくために、このNPOとセンターが設立されたのである。

交通案内所には職員が常駐し、京都市内の情報を、公共交通情報を中心として、窓口来訪者に提供する。あわせてホームページでは、公共交通についての各種情報や、「歩くまち・京都」の考え方、モーダルシフトを呼びかける動画などが配信されている。それら動画は、『クルマ利用は、ほどほどに』と『クルマで京都が見えますか？』に関する5〜10分程度の短いものである。

また、このHPが提供する重要情報の一つが、スマホやパソコンで使える「バス・鉄道の達人」というアプリの紹介である。

③歩くまち京都アプリ「バス・鉄道の達人」の運用　このアプリは京都市の事業として作成されたもので（制作費約1億円）、出発地と目的地の「駅やバス停の名称」や「観光地の名称」を入力するだけで、徒歩時間も含めて、最適な経路情報が提供される、いわゆる「電車・バスの最適ルート検索アプリ」である。検索においては、フリーパス参加の交通事業者を含めた18の事業者のバス、

鉄道の路線情報が参照される。むろん、アプリが参照するデータは、これら交通事業者各社から、最新の情報が提供される仕組みとなっている。

13年度の供用開始から約半年ですでに5万件ダウンロードされており、このアプリの使用頻度はすでに累計で110万回となっている。今後さらに内容を強化すると同時に、当該HPも含めてさらなる普及を図り、京都都市圏における公共交通の利用促進を進めることが企図されている。

MM施策8：「新規路線」の整備

「交通まちづくり」としてのMMにおけるもっとも重要な取り組みの一つが、新規路線の整備、である。モータリゼーションの進展にともなって、その大半が剥がされてしまったとはいえ、かつて路面電車が縦横無尽に整備されていた京都にとっての悲願は、**路面電車の「LRT」としての復活**であることは、関係者の間では、広く共有されている認識である。しかし、財源と住民との合意形成の問題、さらには、交通管理者(警察)との調整問題ゆえに、その整備の推進は一筋縄ではいかないこともまた、おおかたの関係者の共有認識である。

そうしたなか、市域全域を見渡して、公共交通モビリティが脆弱な地点を把握し「バス」の「新規路線」を整備することは、最重要のMM施策の一つとなる。

京都市では、こうした認識から、「交通戦略」の策定以後、いくつかの新規バス路線が整備され

図11　歩くまち京都アプリ「バス・鉄道の達人」

chapter 1

てきた。

そんな新路線の一つが、「淀・長岡京市間のバス路線（90新規路線）」である。この路線は、大阪・京都間を走るＪＲ、阪急、京阪の三つの路線の間では相互アクセスができない状況にあったところ、これら三路線の各駅を、各10分程度で結びつけるバス路線である。これにより、大阪・京都間の三つの鉄道路線の相互アクセス性が高まり、この地域の人々がそのときどきの移動目的に応じて、この三路線を任意に選ぶことができるようになる。つまり既存の鉄道インフラを活用したわずかな「投資」でもって、地域の「モビリティ」の質を大きく向上できるというしだいである。

このバス路線については、関係事業者（バス会社・鉄道会社）と京都府、京都市、国、関係する他の自治体（長岡京市、大山崎町）、地元商工会らが、学識経験者の助言を受けつつ調整を図り導入された。

なお、新規路線というものは常に、人々が長い年月の間に作り挙げた「生活習慣」には、にわかには「なじまない」存在であり、必ずしも十分に利用されるとは限らない。こうした認識から、新規路線の開業を周知するための情報提供が、各自治体が発行する広報誌や各種イベントを活用しながら、繰り返し行われている。さらに、普段、公共交通になじみのない人々にも新規路線の利用を考えてもらうきっかけとなるよう、阪急沿線、京阪沿線の住民が意見を出し合いながら、そ

図12　淀・長岡京市間の地域間バス路線図

れぞれの沿線の魅力を盛り込んだ「おでかけマップ」の作成・配布や、新規路線に乗車してもらうための「おためし乗車券」付きのコミュニケーション・アンケートを実施した。こうした取り組みと並行して、沿線企業30社を対象としたＴＦＰによる利用促進を図った。その結果、利用者数は徐々に伸び、運行開始から約半年の間に当初見込みの7人／便を大幅に上回る15人／便に達した。

「歩くまち・京都」の実現に向けたＭＭの今後

以上が、14年現在における、京都市を「マネージャー」とする、「歩くまち・京都」の実現に向けたモビリティ・マネジメント（ＭＭ）の展開状況である。すでに述べたように、京都都市圏におけるＭＭそれ自身は、京都市が「歩くまち・京都」というヴィジョンのもと、本格的に展開する以前から、京都府や京都国道工事事務所等が、独自の「目標」のもと、さまざまに進められてきたものであり、かつ、それらを支援する学識経験者とコンサルタントが京都のなかに育成されていた。しかし、京都市がここまで広範かつ大規模にＭＭを展開するようになったのは、そんなＭＭが盛んに進められていた「土壌」のなかで、08年に門川現市長が「歩いて暮らせるまちづくり」の推進を選挙公約として掲げ、そのうえで、京都市民によって市長に選ばれたことが、最大の契機であったことは疑うべくもない。

したがって、門川京都市政が続くかぎりにおいて、当面の間はこのＭＭは展開されていく。そしてそれが展開されていくかぎりにおいて、京都都市圏においてクルマからのモーダルシフトとまちなかの活性化と公共交通の活性化といった数々の、交通行政上・交通事業上の具体的な「成果」が挙げられていくことは間違いない。そしてそれとともに、交通まちづくりのＭＭを展開するモチベ

chapter 1

ーション（動機）とノウハウ（技術）が、さまざまな関係者（行政、コンサルタント、学識経験者、交通事業者、ＮＰＯ、そして、一般市民等）の間で育成され続けていくこともまた間違いないだろう。そして、それによってますます、ＭＭによる具体的成果が、効果的にあげられていくことになるだろう。

むろん、ＭＭの展開を巡る社会的、政治的環境が、これからも大きく変化していくことは十分にありえる。定期的に市長選挙が行われることはもちろんのこととして、それ以外に、どのような天変地異（たとえば、巨大地震や大噴火）が京都に、あるいは日本全体に襲いかかるかもしれない。しかし、仮にそのようなことがあったとしても、今日のＭＭの展開によってさまざまな形で培われた

〈コラム〉

人と環境にやさしい交通によるまちづくりを目指して

「交通まちづくりの広場」の取り組み

２０１４年11月、第7回「人と環境にやさしい交通をめざす全国大会」が栃木県宇都宮市で開催された。全国から、行政、企業、研究者、市民団体、そして地元宇都宮の一般市民など、約800名が参加し、各地の取組みや研究を紹介しながら、活発な議論が行われた。

この大会は、05年の宇都宮での第１回以降、京都、横浜、東京、岡山、新潟で開催されてきた。11年の震災後は、全国大会は一旦休止となったが、被災地の水戸でフォーラムが開かれた。

企画部隊は、市民団体「人と環境にやさしい交通をめざす協議会」傘下の「交通まちづくりの広場」という有志のグループ、そして開催地の市民団体や自治体である。大会では、学識から市民までが、論文を持ち寄って同じ土俵で発表し、議論することができる。それにより、現場の声とさまざまな知見が融合し、地に足のついた交通まちづくりの議論が進展した。毎回集まる50本前後の発表原稿は、1冊の論集となり、今や交通まちづくりのバイブルといえる。

「交通まちづくりの広場」では、全国大会のほか、各地の課題を解決すべく研究会なども定期的に開催し、政策提言と働きかけを行ってきた。そうした活動は、07年の「地域公共交通の活性化及び再生に関する法律」の成立に結実し、13年の「交通政策基本法」の成立にも貢献した。

交通政策とまちづくりの連携が「基本法」に明記された今日、次なる目標は、こうした理念を各地で実践していくことである。

「技術」、そして、多くの人々によって共有された「ヴィジョン」は、すぐに失われるものでは決してない。しかも、ＭＭのマネージャーは「京都市」という行政組織のみがなりうるものでは決してない。京都に関わるあらゆる組織が、マネージャーになりうるのである。事実、ここで紹介したＭＭ施策には、じつにさまざまなマネージャーが参与している。本章では、「京都市」を中心＝マネージャーとしたＭＭ物語を取りまとめたが、ここに記載されたあらゆる主体を中心＝マネージャーとしてＭＭ物語をまとめることが可能なのだ。

その意味において、ここまで展開されてきた京都におけるＭＭの流れは、これからもさらに継続していく見通しは、十二分に高いと思われるのである。

〈コラム〉不健康はまちのせい?!　スマートウェルネスの取り組み

健康問題は、本人の生活の質向上だけでなく、医療費の削減という国家レベルの問題をも左右する大きな社会問題となっている。実際、健康増進法には「健康でいることは国民の義務である」と謳われており、自治体や医療機関などに協力義務を課している。日常の交通行動は、こうした健康問題に多大な影響を及ぼす習慣的な身体活動であり、徒歩・自転車・公共交通などクルマ以外の交通手段の利用促進は、交通問題だけでなく健康問題にも密接に関わるものと言えよう。

このようななか、筑波大学の久野譜也教授らは、健康で心身ともに幸せに暮らせるまちづくりを目指し、「健『幸』になれるまち「スマートウェルネスシティ」の推進を提唱している。具体的には、①公共交通の充実や緑道・歩道・自転車道などハード面でのまちづくり、②健康医療データ分析と総合的エビデンスに基づく客観評価、③健康増進インセンティブ等による住民の行動変容促進、④ソーシャルキャピタルの醸成、の四つの要素の重要性を指摘している。これらの実現のため、まずはトップのリーダーシップを発揮してもらおうと市町村の首長を集めた研究会を開催したり、スマートウェルネスシティ総合特区の市町村の医療・検診データをクラウドに集め可視化する仕組みを構築する、健幸まちづくりの条例化を目指すなどの取り組みを推進しているところである。これらは、モビリティ・マネジメントの目標と一致しており、今後、健康・医療分野と都市・交通分野のより一層の交流と連携が期待されている。

第2章 地方で「バス」を活性化したい（バス活性化ＭＭ）

「バス」の活性化のためのＭＭ

「バス」は、日本全体、日本国民全員の「モビリティ」を考えるうえで、きわめて重要である。「鉄道」が十分に整備されている大都会では、「バスの重要性」はさして高くないものの、人口密度が高くない**郊外部や地方部では「バス」が地域のモビリティを支える主力手段である。**

もちろん、皆がクルマ（自動車）を使うのならバスは必要ではない。が、皆がクルマを使い続ければ、渋滞やまちの賑わいの低減、健康問題、環境問題、そして交通事業者の経営難等、本書で何度も取り上げた「モータリゼーションの弊害」が顕在化する。

しかも今日では、多くの地域において**「バスの衰退」は「福祉問題」に直結している。**

そもそもバスは、鉄道等が十分に整備されていない郊外部、地方部における主力手段であるが、そんな郊外部、地方部には、買物や病院などの施設はほとんどない。だから郊外部、地方部の人々は、買物等に気軽に「歩いて」出かけることがほとんどできず、結果、出かける際には何らかの「乗り物」が不可欠となる。したがって、もしもそんな地域でバスがなくなってしまえば、「クルマ」

が使えないような人々、とりわけ「高齢者」は、ほとんど外出することができなくなる。[注1] だから、地方都市や郊外における「高齢者福祉」を考えるうえで、バス路線の維持は重大な意味を持つ。にもかかわらず、近年では「高齢化」がますます進展しているうえに、モータリゼーションのあおりを受けて全国のバス利用者は激減し、[注2] 結果、地方部を中心にバスがなくなり続け、高齢者のモビリティ問題は、その深刻さの度合いを深めるにいたっている。

こうした背景のなか「民間事業」として営業している全国の**バス会社の多くが経営難**に陥っている。利用者の大幅な減少に対応するために、リストラやダイヤの見直し、路線撤退を繰り返す一方、そのたびにサービスは劣化し、ますます利用者離れが進むという「**悪循環**」**に陥っている。**

これを助けるために、全国の地方自治体は、いわゆる「赤字補填」を行っているものの、これはもちろん、地方財政を圧迫する。つまり、バスの利用者離れは、環境問題や地域経済の疲弊といったモータリゼーションにともなうあらゆる弊害をもたらすと同時に、地方部の高齢者たちの「孤立」を深め、地元産業であるバス会社を疲弊させ、そして地方財政を圧迫しているのである。

こうした背景のもと、今、地方のバス事業者、自治体の交通担当部局、財政当局、そして福祉部局の多くが共通して願うにいたったのが「**バスの利用促進**」である。

バス利用者をV字回復させた帯広のバスMM

一般公衆にも共有された「黄色いバスの奇跡」の物語

そんな願いのもとではじめられた「バス活性化**MM**」によって、40年間減り続けた利用者を、文

注1　一般に、こういう問題は、「社会的排斥」(social exclusion) の問題と言われている。そして、あらゆるモビリティから隔離された人々は、「交通弱者」(transportation poor) と言われている。核家族化が進行し、地域コミュニティが弱体化している現代社会では、そのまま社会的排斥問題に直結する格好となっている。

注2　乗り合いバスの利用者数のピークは1970年で、年間100億人を越えていたが、年々減り続け、今やその半分以下の4割程度にまで激減している。

字どおり40年ぶりに「V字回復」したバス事業者がある。

帯広の十勝バスである。

この事例は、交通の学会で表彰されるとともに、大臣表彰にも選定され、「専門家筋」「玄人筋」に高く評価されている。

ただしこの事例はそれのみでなく、「黄色いバスの奇跡」という名前で書籍としても出版され[注3]たり、ビートたけしのテレビ番組「奇跡体験！アンビリバボー」[注4]でも取り上げられるとともに、「ミュージカル」の題材としても取り上げられている。つまり、狭い交通業界を越え、一般公衆に「広く知られた事例」ともなっている。このことは、この事例が、疲弊する地方のなかでも「がんばれば成功し、成長していくことができる！」という「成功物語」として広く一般公衆に認識され、デフレによって消沈し、絶望的な気分に苛まれている現代の日本人に「一縷の希望の灯火」を与えるにいたったことを示している。

ついては本章ではまず「バス活性化ＭＭ」の最優良事例の一つとして、その概要を解説することとしたい。

疲弊し続けていた帯広のバス

帯広は、北海道東部（道東）、十勝平野のちょうど真ん中あたりに位置する人口約17万人の典型的な地方都市だ。

こうした中小の地方都市では「バスの衰退」は著しい。

バス利用者数がピークを迎えた１９７０年から、利用者は年々減少し続け、ＭＭの取り組みを始める直前の01年には、利用者は半減どころか、**ピークの「5分の1」**にまで激減していた。

注3　詳細は、『黄色いバスの奇跡　十勝バスの再生物語』（総合法令出版）を参照。

注4　詳細は、フジテレビの「奇跡体験！アンビリバボー」のホームページを参照されたい。ネット上で「アンビリバボー　十勝バス」で検索できる。

当然ながら、十勝バスはこの営業成績の超絶な悪化に対応するために、職員の給料を大幅カットすると同時に、バス路線やダイヤの見直しを重ね、どうにかこうにか企業の存続を図ろうとした。その結果、必然的に地域のバス・モビリティの質は年々低下していった。そしてそれと同時に、帯広市は地方政府としてその低下を最小限に食い止めるために、赤字補填額を年々増加させていった。そしてかつては1億円程度だった赤字補填額が、あっというまにその5倍の5億円にまで膨らんでいった。

こうしたなか、何とかバス活性化を果たせないかという議論がまずは行政内部から持ち上がった。

地域が変わる「きっかけ」を与えた、デマンドバス事業

01年、帯広市は「バス交通活性化基本計画」を策定し、「交通行政」の力で、何とか地域のバスの活性化を果たす取り組みが始められる。

その皮切りとして、乗客の予約にあわせて運行する、いわゆる「デマンドバス」(ならびに、乗り合いバス・乗り合いタクシー)が、帯広市と「十勝バス」、さらには地域のタクシー会社である「大正交通」と、貸し切りバスの運行事業者の「毎日交通」の協力のうえ、03年から(まずは実証実験の形で)二つの試行的な取り組みとして始まった。

一つは、地元のバス会社(十勝バス)が担いきれない郊外部において、「乗り合いバス」と「乗り合いタクシー」という新しいシステムを(帯広市内の)他の交通事業者(タクシー事業者の大正交通・貸切運行会社の毎日交通)が担うというものである。[注5] そして、もう一つが、市街地部のわずかな交通空白地を効率よく解消するため導入された、「フレックスバス」[注6]の運行である(十勝バス)。

この時、その事業を受注したコンサルタント(北海道開発技術センター:以下、DECと略称)

注5 この導入にあわせて、既存のバス路線は見直され、需要の薄い地域のバス路線が廃止されると同時に、デマンドバスが導入されたケースもあった。

注6 小型バス車両を使った需要応答型交通を指す造語であり、DRT(Demand Responsive Transport)の一種。

はデマンドバスのシステムを設計することに加えて、周辺住民にその利用を呼びかける「コミュニケーション施策」を展開した。

当時、「MM」は全国にまだ十分に浸透しておらず、なかでも「コミュニケーション」を通して利用促進を図る手法を実施する地域はほとんどない状況だった。そんななかで、DECは、「需要の薄い地域」でバス事業を成立させるためには、直接、地域の住民に働きかける「コミュニケーション」を通して、需要を掘り起こすことの重要性を、かねてから認識し、その技術力を育成していた数少ないコンサルタントであった。

ついては、この帯広のデマンドバス事業においても、発注者である帯広市にその必要性を提案(説得)し、利用促進のためのコミュニケーション施策事業が進められることとなる。具体的には学識経験者の技術協力のもと、デマンドバスの情報やバス利用を促すメッセージを沿線住民に提供する「ワンショットTFP」や、ニュースレターを定期的に地域住民に発行する等の取り組みが図られた。結果、こうしたコミュニケーション施策によって、着実に利用者が増加することが、実証的に確認されている。[注7]

なお、この段階におけるデマンドバスの導入と、その利用促進のためのコミュニケーション施策の展開は「実証実験」であり、これ自身は帯広のモビリティを根底から変えるほどの大きなものではない。しかし、この実証実験を「**きっかけ**」として、その後の帯広のバスが大きく活性化されていくこととなる。

そして、この事業を契機として、地域活性化を願う帯広市と、北海道全体のモビリティの支援を図る運輸支局、地域モビリティを支える十勝バスや大正交通、毎日交通、さらにはモビリティを改善するための技術を持つコンサルタントらで、帯広のモビリティを改善していくことを共通の目的

注7　詳細は、谷口綾子・藤井聡「公共交通利用促進のためのモビリティ・マネジメントの効果分析」『土木学会論文集』62巻(1)、87〜95頁、2006参照。

として一つの「チーム」が形作られていくこととなった。

それに加えて、そうしたチームメンバーのそれぞれが、「コミュニケーション」による利用促進という手法が「存在」しているという「知識」、そして、それを通して実際に利用者が増加していくという「成功体験」を共有したこともまた、その後の展開に大きな意味を持つことになる。なぜなら、この成功体験をベースとして、さまざまな主体が、「利用者目線」「お客様目線」でものを考え、コミュニケーションを通しての利用促進策が、さまざまに展開されていくこととなったのであり、その延長に「黄色いバスの奇跡」が生まれるにいたったからである。

官民の連携によるMMが、バスの利用者離れを食い止める

その後、実証実験を終えた「デマンドバス」は、成功が確認できた一部区間において本格的に運行されるようになる。その間も、システム運用改善や、利用促進のためのコミュニケーション施策（ワンショットTFP）は継続して続けられた。その甲斐あって、たとえば（大正交通と毎日交通が担った）郊外部におけるデマンドバスの利用者は、導入当初から順調に利用者を伸ばしていき（図1）、着実に地域の「足」として定着していった。

そして、この「小さな取り組み」を皮切りとして、帯広を中心とした十勝管内では、さまざまな「バス利用促進策」が行政と事業者との協調のもと、進められていく。

まず、07年には、地元の新しいバス燃料[注8]の製造会社の協力のもと、政府系[注9]の資金を活用して「帯広駅モビリティ・センター運営協議会」が立ち上げられた。そして、この協議会が母体となって、帯広駅前のバスターミナル内に、デマンドバスの予約やバスの普及啓発などを行う拠点として「モビリティ・センター」[注10]が設置された。

注8　BDF（Bio Diesel Fuel：植物性由来の燃料＝バスの代替燃料）
注9　NEDO（独立行政法人新エネルギー・産業技術総合開発機構）http://www.nedo.go.jp/ に詳しい。
注10　名称：エコバスセンターりくる

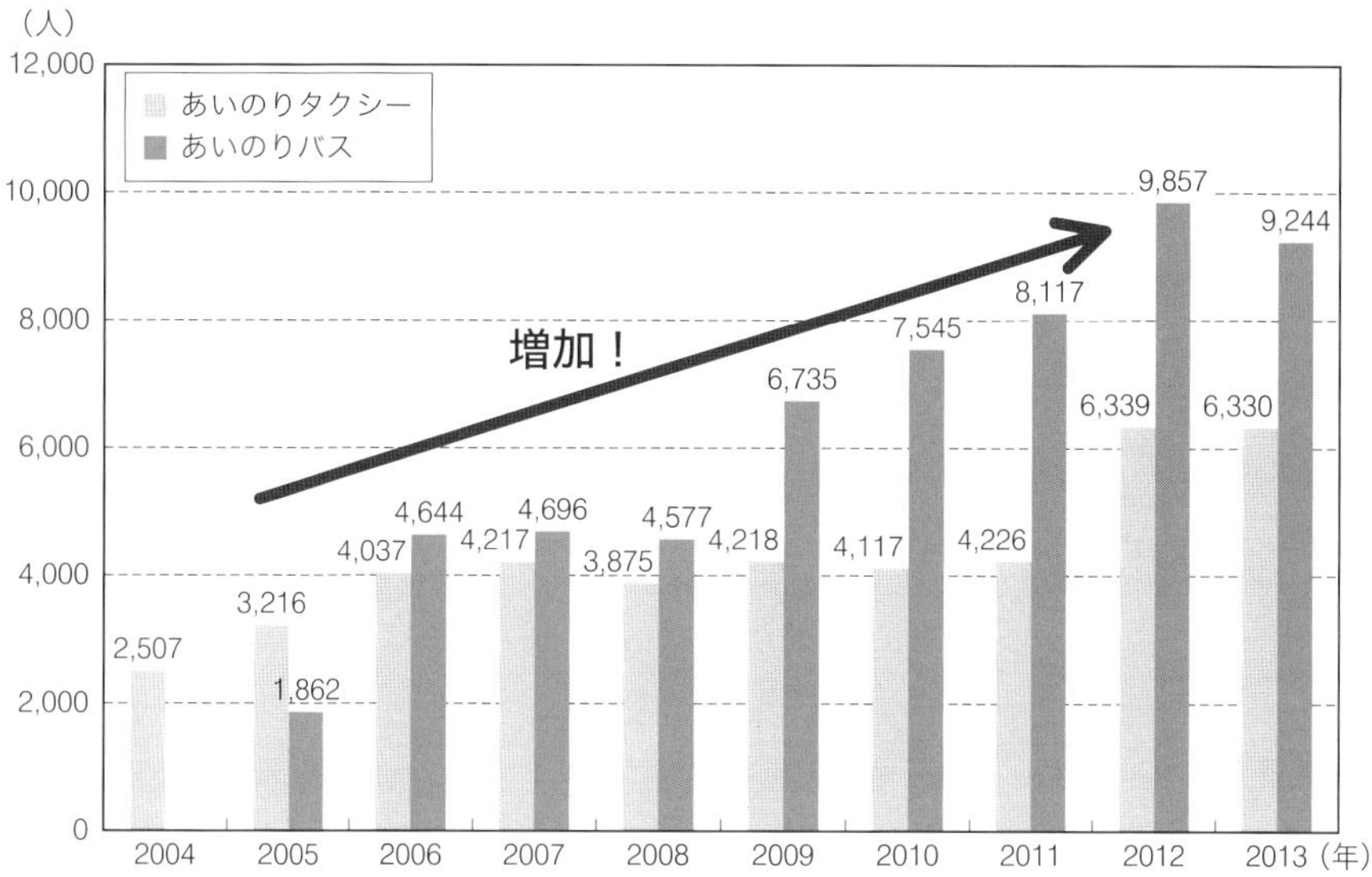

帯広では、郊外の農村地域を二つのエリアに分け、それぞれデマンドバス「あいのりバス」、相乗りタクシー「あいのりタクシー」が導入された。

図１　帯広デマンドバスの利用者推移

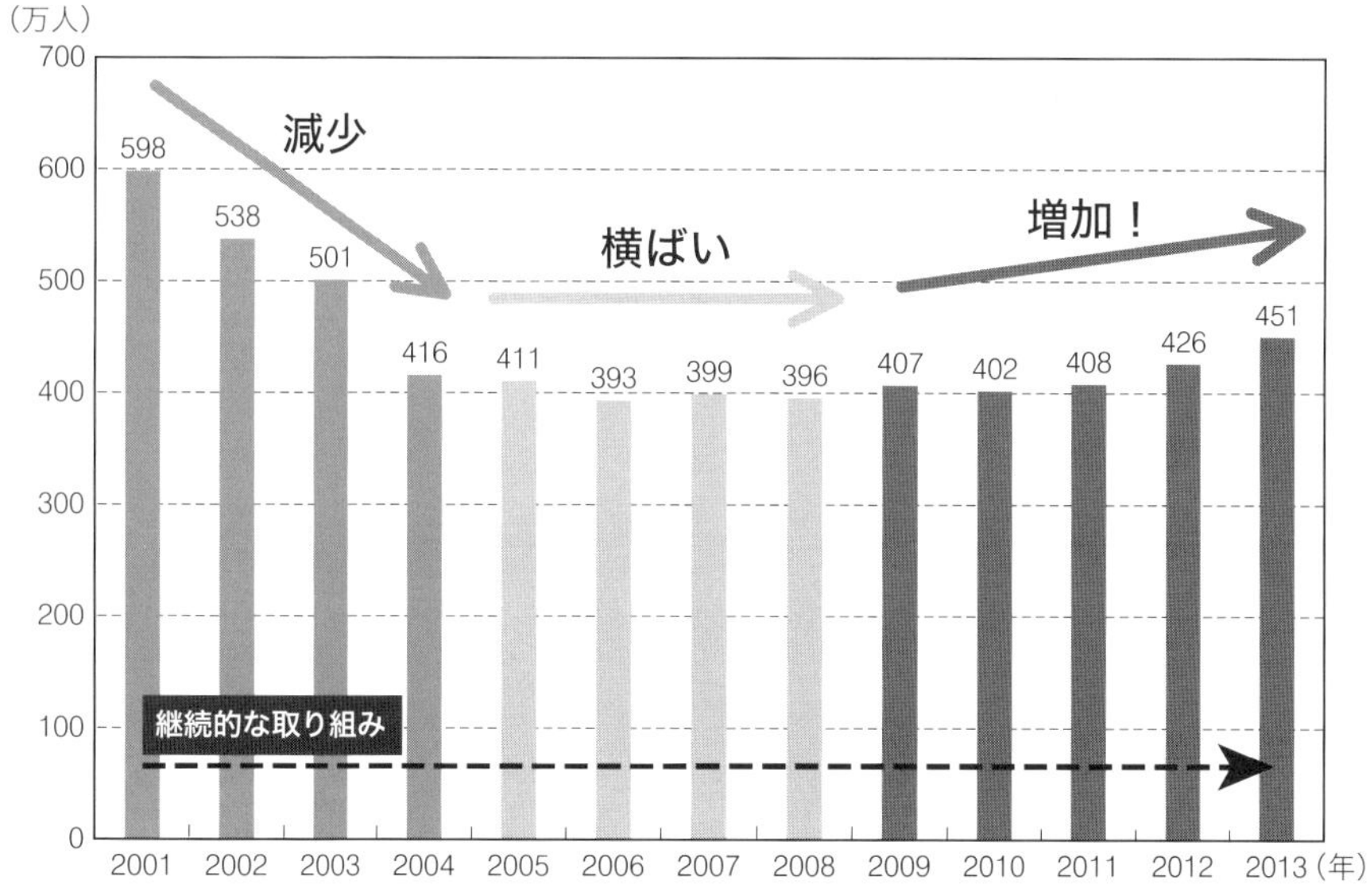

減少し続けていたバス利用者が、MMの取り組みを始めたことで「下げ止まり」、さらに2009年頃から「増加」に転じている。

図２　十勝管内バス利用者の推移

このセンターはその後、観光事業者等のさまざまな協力者を得て、10年からは各企業からの一定の負担金（会費）を原資として設置された「一般社団法人」が母体となって運営されている。

その他にも、運輸局や環境省などの（補助金等の）事業を活用しながら、バス利用者の「ニーズ調査」や、「新規バス路線の実証運行」、さらには事業者の垣根を越えた「バスマップの作成」、そして、さまざまな地域イベントと連携しながら利用促進を図る取り組みなどが重ねられていった。

なお、このような「プロジェクト」が継続的に行われ、そのつど関係者間のコミュニケーションが深まっていくことを通して、「チーム」はさらに活性化し、拡大していった。そして、その「チーム」の活性化がさらなるプロジェクトの成功を促していくことになる。

その結果、バス利用者の減少は図２に示したように明確に「下げ止まる」こととなる。そして、モビリティ・センターが設置された07年頃からは、逆に利用者が「増加」していくこととなる。

民間主導のＭＭが、利用者を増やしていく

こうして01年頃から「行政主導」で始められたＭＭは、その内、「官民連携」で進められていくようになる。

そして、その成果が少しずつ「目に見えて」現れるようになると、当初「行政に付き合う」ようなニュアンスでＭＭの利用促進に参加していた民間の十勝バスも、徐々に「主体的」に利用促進を展開していくようになる。

そしてＭＭの取り組みが始められてから7年後の08年、十勝バスは、ＭＭにおけるコミュニケーション施策を「**戦略的営業**」**として展開することを**、**会社として決定**する。

この方針を決定したのが、十勝バス創業家直系の野村社長であった。

そうした方針のもと、十勝バスは「小さなことから始める」というコンセプトで、まずは「一つのバス停」をピックアップし、その周辺の全世帯に、そのバス停用につくった「時刻表と路線図」を配布して回った。結果、バス停利用者は着実に伸びたという。

この成功体験を受け、翌年の09年からはより戦略的な営業活動を展開していく。野村社長を含めた、十勝バスの社員が、沿線住民の自宅一軒一軒を回り、「**なぜ、わが社のバスに乗っていただけないのですか?**」を聞いて回るという、画期的な営業活動を展開する。

結果、十勝バスの関係者は、野村社長をはじめとして、「皆がバスを使わないのは、どうやってバスに乗れば良いのか分からず**『不安』だからなんだ**」ということに気づいたという。彼らは当初、皆がバスに乗らないのは、バスの「不便さ」が主たる原因だと考えていた。ところが、実際には、それ以前の問題で、バスの利用者が減り続けていたのだということに気づいたのであった。

そしてその認識のもと、路線別、目的別の「時刻表」を作成し、これを沿線住民に配布する、「バスの乗り方」をバスマップに掲載し、これを8万部作成し、全世帯に配布する、等の取り組みを初めてゆき、これがさらなる利用増に結びついていくのであった。

「専門家」の重要性と、「社長の理解」の重要性

さて、帯広バスが行った「家庭訪問式のコミュニケーション＝営業活動」は、国内ではきわめて「画期的」な取り組みであり、テレビ番組などでも、その点が強く強調されている。

しかし「家庭訪問」は、MMにおける典型的な技術の一つであり、海外ではオーストラリアを中心におおいに成功を収めていた手法であった。[注11] しかも、本書執筆者をはじめ、さまざまなMM専門家はMMの全国会議や技術講習会等において、「知らないから」「不安だから」という理由でバスを

注11　たとえばオーストラリアのパースでは、運転手を含めたバス会社の職員が、沿線住民を訪れ、きめ細やかなコミュニケーションを図り、利用促進に成功していた。詳細は、『モビリティ・マネジメント入門』(藤井・谷口)の第1章、第2章を参照されたい。

利用しない人々が数多く存在していること、だからこそバスの利便性をあげずとも、適切な情報を提供するだけで利用促進は可能なのだということを、繰り返し主張し続けてきていた。[注12]

ところが、ＭＭの講習会等で提供されている情報をしっかりと咀嚼し、「自主的」にその取り組みを始めた「事業者」は、この十勝バスが文字どおり国内「初」であった。

つまり、（筆者等を含めた）専門家がどれだけ熱心にさまざまな「優良事例」を伝えても、**本気で耳を傾け、実際に取り組みを始めるという「バス事業者」は、日本国内では文字どおり「皆無」**であった。これはおそらく、どれだけ「もしドラ」がベストセラーになったとしても、全国の弱小野球部が、いきなり甲子園進出レベルにまでレベルアップすることはない、ということと似たような話とも言えるだろう。

それにしても、そんななかでなぜ十勝バスだけが、こうした専門家が発信する情報をキャッチし、自主的に取り組んだのかと言えば、一つには「行政主導のバス活性化ＭＭ」が数年間にわたって継続的に展開され、その間さまざまな専門家からそうした事例を学ぶ機会があったことが大きいだろう。

ただし、もう一つの大きな要因は、そうした情報を一職員のみでなく、「社長」もまた理解し、その有効性を得心したという点に求められよう。[注13] やはりＭＭのような新しい取り組みは、どれだけ理に叶うものであっても、「経営トップ」が理解しなければ会社をあげた全面展開はむずかしい。実際、筆者等のＭＭの取り組みを知っていた職員が、同様のコミュニケーション施策を前社長時代に社内会議で提案したところ、即座に「却下」されたという。

その意味でも、本書を手に取る読者のなかで**バス活性化ＭＭを進めたいと願う方々は、まずはバス会社の「社長」の理解を得る作戦を考えることが得策**だと言えるだろう。

注12　たとえば、『ＭＭの手引き』（土木学会）の1章等を参照されたい。

注13　しかも、十勝バスの野村社長は、創業者である父親が、あまりの営業成績不振を原因として、倒産を考えていたときに、会社を存続させることを目途に、困難を知りながらあえて「社長」を引き受けた人物であった。それゆえ、何とかして利用促進を図らねばならないという思いは、人一倍強かったのであった。

現場の「創意工夫」が利用者を増やし、会社自体が活気づく

なお、十勝バスの利用促進の取り組みは、それが戦略的営業として始められた当初は、MMの専門家が提供する個別マップの配信や個別訪問などの「典型的／教科書的」なMM施策であった。むろん、これらの取り組みにはさまざまな事例での蓄積があり、着実に利用増をもたらしていったことは間違いない。しかし、その自主的な取り組みが進められるにつれて、「独自」の取り組みが進められるようになり、これがさらなる利用増をもたらしていったのである。これは「営業会議」での議論が熱心に重ねられ、社員が自発的に「アタマ」をつかってさまざまなアイディアを出すようになったからである。これはまさに、『もしドラ』で野球部員たちが自主的な練習を始めだした状況に重ね合わすことができるだろう。

たとえば、定期購入のインセンティブを強化するために「定期を利用する客には、土日乗り放題」というサービスを始めた。あるいは「日帰り路線バスパック」という企画を始めた。これは「観光施設」とタイアップし、通常のバスダイヤを使って、「何時に出発、何時に到着、その後どこそこを観光し、帰りは何時のバスで帰ってくる」という「バスパック」をつくり、これを、「割引」で販売するというアイディア商品である。結果、このパック利用者が年々増加し、現時点では初年度の二倍程度の利用者が購入しているという。[注14]

こうした利用促進のためのコミュニケーション施策、つまり民間企業にとっては「営業の取り組み」を通して、利用者は年々増加していくこととなったのである。すなわち、十勝バスの路線バス利用者は、11年度は4.3％増え、12年度にはじつに12・4％も増加（いずれも対前年度比）するにいたっている。

注14　10年度が2千100名のところ、年々増加し、13年度には4千名の利用者があった。

こうした利用者増は、会社の収益を増やし、営業成績を改善させていったのだが、それにもまして大きな成果は、「自分たちの努力によって、40年ぶりにお客様が増えた」という事実にもとづいて、**社員一人一人が自信を取り戻し、誇りを取り戻すことができた**ことであるという。この自信と誇りは、十勝バスそれ自身の「活力」を増進させ、利用促進のみならず、各種のサービスレベル改善にむけたさまざまな「事業」の展開をもたらす、貴重な資源となることは間違いない。

しかもこうした十勝バスの成功は、この地域のMMに関わる各行政組織全員に対しても、大きな達成感と自信を与えている。さらに帯広市を中心とした沿線住民たちもこれを契機に「奇跡を起こした黄色いバス」にさらに注目することとなる。つまり「もしドラ」の高校の野球部が、一端良い循環が回り出せば、自然と野球部員が強くなっていくように、帯広では今黄色いバスを巡る「**好循環**」が回りだしたのだ。こうした「好循環」を回す状況にまで、地域のモビリティを巡る人々や社会を持っていくことこそが、「モビリティ・マネジメント」が目指すもっとも大切な目標なのである。

利用者100万人を達成した、明石市のTacoバス

帯広のバス活性化MMは民間主導のMMの取り組みであったが、全国各地の自治体は地域住民のモビリティ・足を確保するために行政予算を投入しつつ「コミュニティバス」を導入している。

しかし、その多くの事例において、コミュニティバスは行政の財政を圧迫する存在となっている。しかも、必ずしも多くの住民に利用されていないのが実態であり、せっかく、行政が苦労をして地域住民の「足」となるために導入、運営しているにもかかわらず、その当初の目標が達成できていない、という残念な状況下にある。

しかしだからといって、もちろん撤退することは正当化されない。やはり、仮に「実際にバスを利用している需要」が限られていたとしても、人々が過剰にクルマばかりに頼っている状況は、その地域にとって望ましい姿とは言えない。それゆえ、やはり、公費を投入してコミュニティバスを導入している以上は、その撤退を考えるのではなく、「本来掘り起こされるべき、あるべき潜在需要」を掘り起こすことこそが、行政主体に求められているのである。

そうした視点で、コミュニティバスの利用促進に取り組み、「本来存在しているはずだ」として目標値として掲げた「年間100万人」という利用者を達成することに成功したコミュニティバスがある（図3）。

それが、明石市が導入した「Taco バス」である（図4）。

図3　Taco バス利用者数の推移

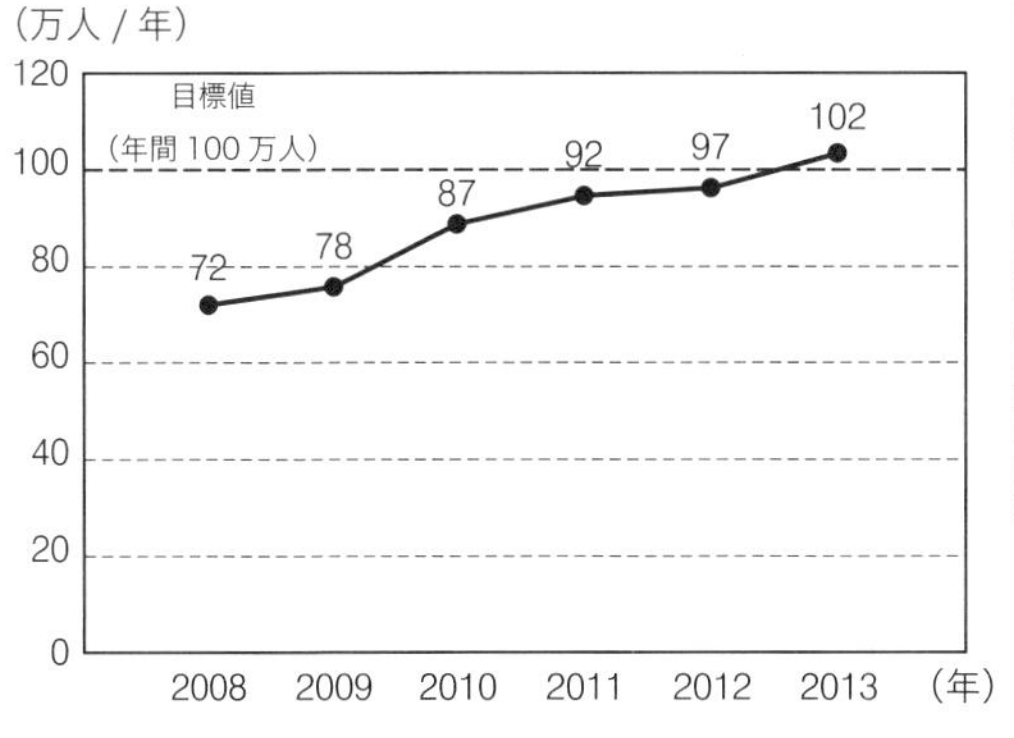

Taco バス導入にいたるまで

兵庫県明石市は神戸市の西隣にある人口29万人の都市で、阪神方面のベットタウンとして発展してきた。また、明石海峡でとれたタコなど海の幸も豊富で、Taco バスの名前の由来になっている。明石市でも高齢化がすすんでおり、市内の路線バス、鉄道、タクシーだけでは、これからの地域住民の足として機能することはできないとの懸念があった。そこで２０００年度に策定された第4次長期総合計画（目標年次10年度）ではコミュニティバスの調査検討を進めることが盛り込まれた。

02年度から明石市役所企画調整部が事務局となって、研究会を設置し、社会実験の具体的な検討が始まった。東京都武蔵野市のムーバスが95年に運行が開始され、明石市の隣りの加古川市でもすでにコミュニティバスが導入されていたことを考えると、必ずしも先進的に公共交通の取り組みが始まった地域ではない。先行事例に学びながら、コミュニティバスに取り組むことができた事例といえよう。

その後、04年4月に市役所組織の改編があり、土木部に交通政策室が設置された。これ以降、コミュニティバスを含めた公共交通を交通政策室が担っていくことになる。以前の土木部計画安全課の時代は、交通といっても管轄が道路だけであったことから、公共交通の扱いは限定的にならざるを得なかった。しかし、交通政策室になってからは、公共交通も含めて公共的な観点から交通をマネジメントすることができるようになった。そして04年度秋の社会実験に向けて関係機関との調整に入っていった。

先例に学んだTacoバス事業

コミュニティバスの社会実験は、04年11月に、かねてから住民からバス導入の要望の強かった青葉台を中心に、バス3台、2路線で始まった。[注15] 社会実験が始まると、住民からの評判がよく、当初の見込みよりも多くの人々が乗ってくれたことから、06年度からの本格運行につながっていった。また、この時に市内全域のアンケート調査を行ってみると、青葉台と同様に高齢者の移動に問題を抱えている地域が明らかになった。こうしたことから、担当者の間では、コミュニティバスの地域を拡大して運行する決意が固まっていったという。

その一方で、当時から全国の多くのコミュニティバスは、「空気を運んでいる」「税金の無駄遣い」との批判にさらされていた。その原因として、一部の住民らの要望による、言われるままの導入があげられる。コミュニティバスが公共交通ネットワークの一部として考えられていないために、個

図4　さまざまな人たちが利用するTacoバス

注15　青葉台は最寄りの鉄道駅まで徒歩で30分以上かかるが、道路幅が狭く、路線バスの導入を神姫バスが以前検討したものの断念した地域であった。

別に検討・導入され、せいぜい路線バスとの重複を避ける程度の意識しかないところが多かった。そこで明石市では、**公共交通ネットワークのなかでコミュニティバスを位置づけ、整備戦略をあらかじめたてる**ことにした。そうすることによって、住民から「となりの地区が走っているのだから、私たちの地区もバスを走らせてくれ」と言われた場合に、「公共交通ネットワーク整備戦略と合わないので走らせることはできません」と答えることができる根拠が生まれる。また、要望型のコミュニティバスだと、走らせることが目的化してしまい、本来乗ってもらいたい人に働きかけるという取り組みがおろそかになってしまう。明石市ではそのような先行事例の悪しき点に学び、地域と連携しながら、モビリティ・マネジメントを進めていき、地域全体にコミュニティバスの意義、目的を理解してもらう取り組みを行うことを決めた。

そこで、社会実験の翌年の05年度から以下のような方針を盛り込んだ明石市総合交通計画の策定作業に取りかかった。

公共交通ネットワーク整備の基本戦略を定める

明石市は東西方向に長く、南北が短いという地勢上の特徴を持っている。沿岸部をJRと山陽電鉄が東西に走っていることから、東西方向の移動は鉄道で担うこととした。西明石より東側は、明石市の北側に神戸市が開発したニュータウンから明石駅、西明石駅に向かう路線バスが南北方向に密に走っている。しかし、西明石より西側は、路線バスも少なく公共交通空白地域が広がっていた。そこで、西明石以東の南北方向は路線バスで、西明石以西の南北方向を主にコミュニティバスで鉄道駅とつなげるという基本戦略を決めた（図5）。

この戦略にのっとれば、**公共交通ネットワーク整備でやらなければならないこととやってはいけ**

ないことが明示的に定まる。たとえば、魚住駅と大久保駅をコミュニティバスで結ぶことはやってはいけないことで、西部の路線バスが運行していない地域と鉄道駅を結ぶコミュニティバスはやらなければならないことになる。

コミュニティバスの見直し基準を定める

コミュニティバスには「バスが走っていればクルマに乗れなくなったときにも安心」「地域のお年寄りの人のために必要」など、自分が今、使っていなくても価値がある。しかし、本来的にはコミュニティバスを使って、地域の人々がより豊かな暮らしを送ることができることが求められる。そこで、限られた財源、人員でより大きな効果を得るためには、とくに乗客が少ない地域に対して、住民と、「なぜ乗らないのか」「どうしたら乗るようになるのか」など直接コミュニケーションをとって、改善につなげていく必要がある。

そこで、コミュニティバスの利用者数から見直し基準を定めて、そこにいたらない地域に対しては積極的に介入して、地域住民、利用者、運行事業者、行政と話し合いをしながら、運行経路や運行本数の変更や廃止を含めた見直しを行っていくルールを定めた。こうすることによって、コミュニティバ

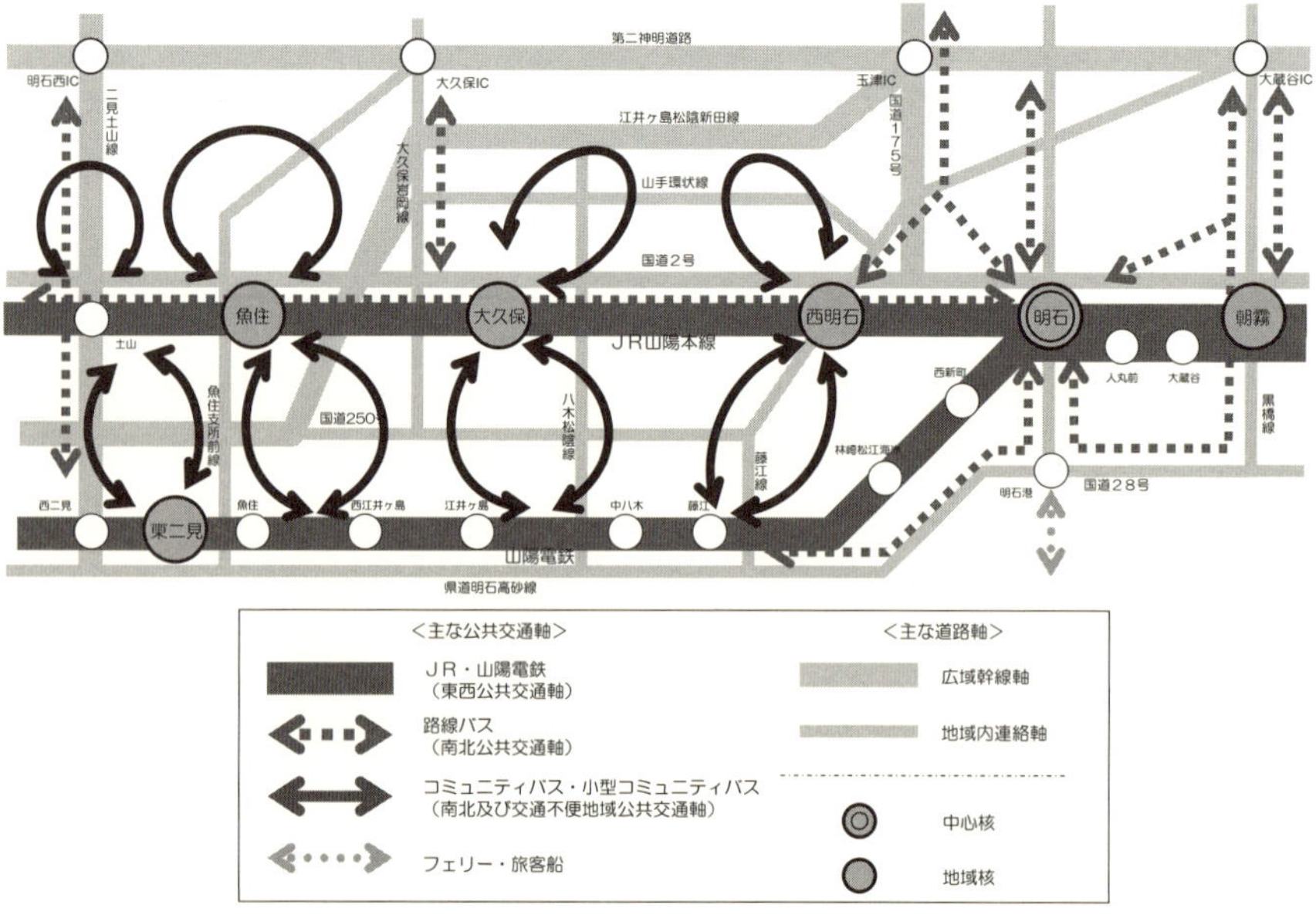

図5　交通ネットワーク整備の基本戦略

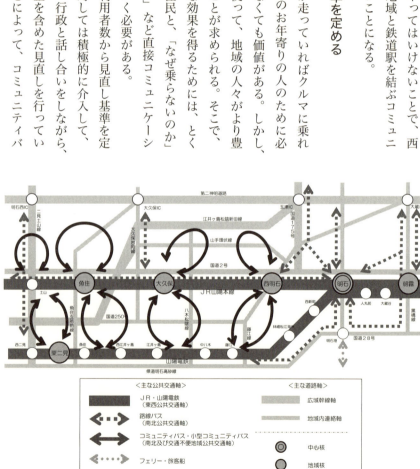

スの利用者が少ない地域であっても、地域に早期に介入して、適切な方法で関係者の知恵を結集して、利用者を増やすことができる。一例として、西明石南ルートでは、08年度に住民ワークショップを4回にわたって行い、見直しルート案の意見を集め、利用促進の具体案について意見交換を行ったうえで、試乗会等の利用促進策を実施してきた。見直し後の09年度は利用者を3割以上も伸ばすことができた。

MMによる利用促進の方針を定める

コミュニティバスのルートにおいて本来掘り起こされるべき需要を顕在化していくために、地域住民や企業とのパートナーシップによるモビリティ・マネジメントを実施していくことが明記された。ただし、計画策定時点での具体的な取り組みとしては、ワンショットTFPと呼ばれる多くの地域で適用されている方法だけであった。

以上のような内容を盛り込んだ明石市総合交通計画が07年5月に策定され、同年11月に路線を3路線から17路線に大幅に拡大してコミュニティバスを運行するための準備に取りかかった。この半年間に地元説明会、地域公共交通会議、事業者の選定をこなすハードスケジュールとなった。担当者の話では、「ものが形にあらわれないと終われない」という意識を共有する土木部だったからこそできたそうである。たとえば、バス停の設置では、道路管理の担当は同じ土木部道路計画課であったため、調整のための時間が大幅に短縮できたり、補助金制度のノウハウを持っている部署に相談できたり、土木部一丸となって準備に奔走した。そうした関係者の熱意によって、07年11月20日、ついに路線を拡大したTaco バスが始まった。

小学校から始まった本格的なＭＭ

Taco バスが走り始めても、総合交通計画に明記されたＭＭについては、具体的に何をすべきなのか手探りの状態が続いていた。そんなときに、08年8月に京都でＭＭの会議（31頁、コラム「ＪＣＯＭＭ（日本モビリティ・マネジメント会議）」を参照）が開催されることが市役所の担当者の耳に入った。そこで、担当者全員が第5回ＪＣＯＭＭに参加することを決めた。その会議で、京都府など先進事例のＭＭ報告をきくことにより、誰がどのようにＭＭを始めればよいか具体的なイメージが湧いてきたそうである。それとともに、専門家や同じような問題意識をもった自治体職員との人的なネットワークができていった。

会議の後、どこからＭＭを始めるべきか、担当者で話し合ったところ、まずＭＭ教育から試行的に始めてみることになった。そこで、これまで Taco バスの乗車体験の授業で縁があった神戸大学附属明石小学校に働きかけを行った。その結果、小学校4年生の社会科でバスを題材として、「人々のくらしにやさしい移動の仕方を考え、実行しようとする」ことを目標に取り組むことになった。担任の馬場教諭の「自分・家族以外の地域社会や環境を意識する」「児童が考えることを基本とする」という教育方針により、児童の自発性を尊重した教育プログラムを目指した。

「人々のくらしにやさしい行き来とは？」という問いかけから始まった授業は、児童も移動の仕方をどんな観点からふりかえればよいか試行錯誤が続いた。しかし、馬場教諭の児童への粘り強い問いかけで、児童が疑問に思うこと、知りたいことに寄り添って、それに対応する資料作成の支援を担当者や専門家が行っていった。最初は、クルマ中心の生活をしている児童からは、当然のことながら、公共交通の観点が出てこない。ここで公共交通の話をしたくなるのをぐっと押さえて、渋滞を切り口にして、なぜショッピングセンターは渋滞してしまうのだろうか、児童みずから渋滞の原因を知るための現地調査、児童からの渋滞解決策の提案と授業は続いていった。

そばでみていて、このまま公共交通の話は出てこずに、「渋滞対策のために道路を作ろう！」で終わるのではないかと、正直不安に思っていた。しかし、馬場教諭の「なるほどみんなの意見はよく分かった。でも、クルマに乗れないお年寄りはどうしていると思う？」、この問いで教室のなかの雰囲気が一変。これは実際に苦労して交通量を調査し、いろいろなことを考えてきたつもりであった児童だからこそ、彼らにとって「自分のことだけしか考えていなかったんだ」と目から鱗が落ちる瞬間になった。それからは、環境や安全など地域社会を意識した取り組みに発展し、最後のまとめでは、「クルマの量を減らす」「徒歩、自転車、電車、バスの利用」などMMの取り組みの主要な要素が提起された。さらに教室内の発表だけで終わるのではなく、児童の発意で、発表した内容をチラシにまとめて駅前で人々に配り、訴えかけていく段階にまで到達した。その様子はケーブルテレビや市の広報を通じて、多くの人の目に触れ、児童たちは、自分たちの思いが実現できた喜びや大人が認めてくれた満足を感じることができた。

このような小学校での取り組みは、十分な授業時間を確保できる学校環境と高い教師力を備えた教諭との出会いに恵まれたケースかもしれない。しかし、このような児童、教諭が満足できる結果をえられたのは、担当者の教員、児童への信頼と熱意のたまものであるのは間違いない。そして、この教育現場のおかげで、担当者は、「人の思いに寄り添うことが大切」「地域を考える視点を適切なときに提供するだけで、MMにいきつく」を実感することができたように思う。この原体験から、明石のMMは展開していった。

地域とのコミュニケーションで生まれるMM

コミュニティバスの利用者が想定よりも少ないところには、何かしらの要因がある。路線、ダイヤが適切でない、時刻表の情報などが行き渡っていない、そもそもコミュニティバスの必要性が理解されていないなど、地域にとって人にとって理由はさまざまあろう。そこで明石市では、前にあげたようにコミュニティバスの見直し基準を定めて、利用者が少ない地域の住民と直接コミュニケーションをとっていくことにした。コミュニティバスの利便性をあげつつ、利用促進を働きかけていった。たとえば、西明石南ルートでは、08年9月に路線見直しのためのワークショップを始めた。そこで出た、西明石駅へのアクセスを向上して欲しいという住民の意見をもとに、8の字運行に変更した案を地元説明会形式で12月に説明、21年度に路線変更を行い、利用者が倍増した。他にも同じように利用者の伸びが鈍化していた西明石北ルートに、沿線自治会で利用啓発の回覧を実施するなど深刻な状況になる前に介入するようにしている。[注16] このように、なぜバスを使わないのか、地域の人たちにどうしたら乗ってもらえるのかという利用者の意見に寄り添い、その意見をもとに改善案を運行事業者と協力しながら実現するという、ごく当たり前にみえる取り組みを継続し、成果をあげている。

バス路線を考える場合、病院や商業施設の利用を見込んで設定することが多い。しかし、運行開始後にそれらの施設にどれだけの利用促進の働きかけを行っているだろう。せいぜい、施設の掲示板にできあいの時刻表を貼りだしてもらうことで終わる場合が多いかもしれない。明石市では、もう一歩踏み込んで、バス路線の特性を踏まえて商業施設や医療施設などの沿線施設と連携した利用促進を展開していった。

注16　住民自治会への回覧には一時的には増加に転ずる効果は見込まれるものの、持続性はなかなかない。

まず、施設専用の路線図や時刻表を作成したうえで、それらの情報提供をお願いし、「通院にはバスを」「お酒の時にはバスを」など、その施設に応じたキャンペーンを展開してきた。こうしてできあがった関係から、ショッピングセンターでのクリスマスキャンペーンのイベントにつながっていった。また、地域住民と一緒にバス路線や利用促進の相談をしたことをきっかけとして、明石市役所が自治会の地域のイベントでコミュニティバスの利用促進コーナーを受け持つことができ、より地域の人々との関係が深まっていった。こうした民間施設、住民自治会のイベントに担当者が積極的に参加していくことにより、イベント数珠つなぎというユニークな取り組みにつながっていった。Tacoバス沿線での土日のイベントに参加し、次のイベント告知を数珠つなぎ式に行って、イベント来場時にTacoバスを使ってもらうようにアピールしていった。13年の4月には毎週のようにイベントに参加し、一人一人に語りかけていく。担当者としては、しんどくもあるが直接、いろいろな人とコミュニケーションをとれる楽しい経験となった。

新たな利用者開拓のためのMMの広がり

07年度から拡大運行を始めたTacoバスであったが、利用者は高齢者が多かった。もっと広い層にバスを使ってもらうためには、**子どもや子育て世代にバスも含めたまちの楽しさをアピール**していく必要性を感じていた。そこで、10年の夏休み（7月21日から8月31日）に参加型キャンペーンを市役所からの提案で企画し、スタンプラリーを実施した。その結果、前年度は7月から8月にかけて1千360人減少していたものが、逆に3千440人の増加に転じた。こうした新たな需要層を開拓したという実績から、以降継続して夏のイベントとして定着している。

また、どうしても冬季は外出を控える人が多く、利用者が落ち込んでしまう。そこで夏のスタンプラリーの経験を生かして、参加型キャンペーン、Taco バスビンゴを冬季（11月30日から1月6日）に実施することにした（図6）。Taco バスビンゴは、バスに乗ったときに運転手からシールをもらって、それを応募用紙のマス目にあわせてはり、このシールが縦、横、斜めのどれでもそろえばビンゴで景品がもらえるという仕組みだ。景品は市内の企業から提供してもらったものを取りそろえた（たとえば、お食事付き神戸市内定期観光バスツアーや地酒など）。このような景品をそろえた利用促進を行ったのも、JCOMMに参加しているときの発表で、情報提供とあわせてインセンティブを用意したほうが効果的という研究結果を聞いたことがきっかけになっている。その結果、前年度の12年度の11月から12月にかけては1千700人減少していたのが、1千100人増加するという効果が得られた。

　一般的に、コミュニティバスの利用促進を考える場合、キャンペーンやイベントなどはお遊びとしておろそかにされることが多い。しかし、この事例のように、利用者の目線に立ってバスとともに**地域の魅力をパッケージ化したキャンペーン**を真剣に、楽しみながら企画、実施すれば、確実に新たな需要層の利用促進につながる。[注17] 一部の人からは軽く見られてしまう取り組みほど、定量的な効果を示すことが重要であり、そのためには利用者数やアンケートによる意識の把握を行っておくことが必要である。

　最近では、Taco バスの利用促進に無償で協力してくれる個人や法人を Taco バスサポーターとして認定、公表したり、フェイスブック、ツイッターで Taco バスのキャラクターの「たこバスちゃん」が情報発信したり、さまざまな取り組みを展開している。もちろん、これまでの学校でのMMや地域

図6　Taco バスビンゴのチラシ

住民との直接的なコミュニケーションによるＭＭも継続して実施している。これらの一連の取り組みが評価されて第９回ＪＣＯＭＭプロジェクト賞を受賞したおりにも、神戸新聞に大きく取り上げられたのは、地域に寄り添ってＭＭを行ってきた証左といえよう。

思い起こせば、日本のＭＭの黎明期の成功事例、京都府宇治で行われた企業向けの取り組みでも各企業の事情にあわせて時刻表を作成し、効果をあげてきた。最近のＭＭで配布されるバスマップ、時刻表のデザインのクオリティはますます高まっている。しかし、住民、通勤者の思いに寄り添って、その人向けのマテリアルを作成し、その人に届けてきた心は、受け継がれているであろうか。とにかく、バスマップを作って配布すればよい、なるべく手間をかけず、効率的に、という取り組みになっていないであろうか。明石市では、公共交通ネットワークの整備戦略という大方針を定めたうえで、住民や事業者らと地道なコミュニケーションによるＭＭを継続して実施している。一人一人の暮らしに寄り添って、その地域のために、愚直なまでに労をいとわず足を運び、手を動かし、頭を使って、企画だけではなく具体的にマテリアルやキャンペーンなどの形になるまで行動する、そうした**ＭＭの原点**に今一度立ち戻る必要があるのではないかと思う。

明石市役所の担当者からは「何をやってもＭＭですから」という言葉を聞いた。ここだけを取り出すとＭＭを軽んじていると誤解を生むかもしれないが、その言葉の前に若干の言葉を補う必要があろう。「(地域全体のことを考えつつ、住民の一人一人の思いに寄り添っているかぎり) 何をやってもＭＭですから」。最初の小学校でのＭＭで感じたことを原点に、担当者のあついハートとクールな頭脳、軽いフットワークが、人との信頼関係にもとづいたネットワークを拡げ、ユニークなＭＭを次々と行いつつ、年間100万人達成という結果を残している。

注17　バスを使ったイベント（バスのってスタンプラリー）による利用促進の効果については、日野・松村「イベント型モビリティ・マネジメントによる任意活動の行動変容効果」『土木計画学研究発表会・講演集』41巻、２０１０でも明らかにされている。

第3章 ローカル鉄道を活性化したい（鉄道活性化ＭＭ）

住民参加で鉄道運営　―貴志川線の取り組み

この節では、地方の鉄道事業が抱える課題を克服するために、沿線住民が「利用促進活動への積極的な参加」を果たした「和歌山電鐵貴志川線」の事例を紹介する。この事例は猫の「たま駅長」で有名となった事例で、利用促進の住民参加が最終的には「鉄道運営への参加」にも結びついている。わが国の地方鉄道は今、その多くが疲弊し、存続の危機に直面しているケースも少なくない。この貴志川線の事例は、そのような問題に直面している全国の鉄道関係者や、地域の鉄道の存続、活性化を願うさまざまな人々に大きなヒントを与えるものであると思う。

そして、この事例にみられる、鉄道の利用促進に向けて「少しずつでも今できることを続けていく」というそのエッセンスはまさに、モビリティ・マネジメントが目指す形そのものなのである。

社会的課題：鉄道の廃線

貴志川線は、和歌山駅と貴志駅を結ぶ延長14・3キロ、14駅の鉄道路線であり、１９１６年の開

注1
①辻本勝久「地方鉄道における合意形成と住民参画―和歌山電鐵貴志川線の事例」『運輸と経済』69巻、12号、29～37頁、２００９年
②辻本勝久「ささえあう地域と交通事業者―貴志川線の再生事例」『都市計画』58巻、5号、40～43頁、２００９年

注2　辻本勝久「貴志川線の社会的価値と住民運動の展開」『運輸と経済』65巻、11号、72～81頁、２００５年

業当初は、近隣神社への参詣旅客輸送を目的としたものであった。74年のピーク時には年間利用客数約361万人を数えた貴志川線であったが、モータリゼーションの進展やバイパス・新規道路の開通等にともない、04年には約193万人（ピーク時の47％減）にまで減少した。[注1]

存廃問題の発生から和歌山電鐵㈱設立までの経緯については辻本[注2]に詳しいが、03年10月、南海電気鉄道が鉄道廃止も含めた抜本的経営改善策の検討開始を関係市町村に伝えてから、存続に向けたさまざまな取り組みをへて、05年6月、岡山電気軌道㈱が100％出資する和歌山電鐵が設立され、06年4月から和歌山電鐵貴志川線として運行が開始されている。その後、和歌山電鐵をはじめとする関係者の地道な努力により、輸送人員は持ち直しており、利用者減のとまらない地方鉄道としては希有な事例となっている（図1）。

また、和歌山電鐵貴志川線は猫の「たま駅長」や周辺地域の名産であるいちごをモチーフとした「いちご電車」で全国的に高い知名度を誇っている。和歌山県はたま駅長に「和歌山県勲功爵（わかやまでナイト）」の称号を授与し、和歌山観光のブランドの一つとして打ち出しており、貴志駅構内「たまカフェ」での和歌山産果物を使ったスイーツ提供、関西国際空港に英語版のPRパンフレット設置などの取り組みを進めている。これらの努力の結果、12年頃から外国人観光客が増加し、13年度は団体客が2万3千人、個人客も入れると推定で4万人規模となっている。

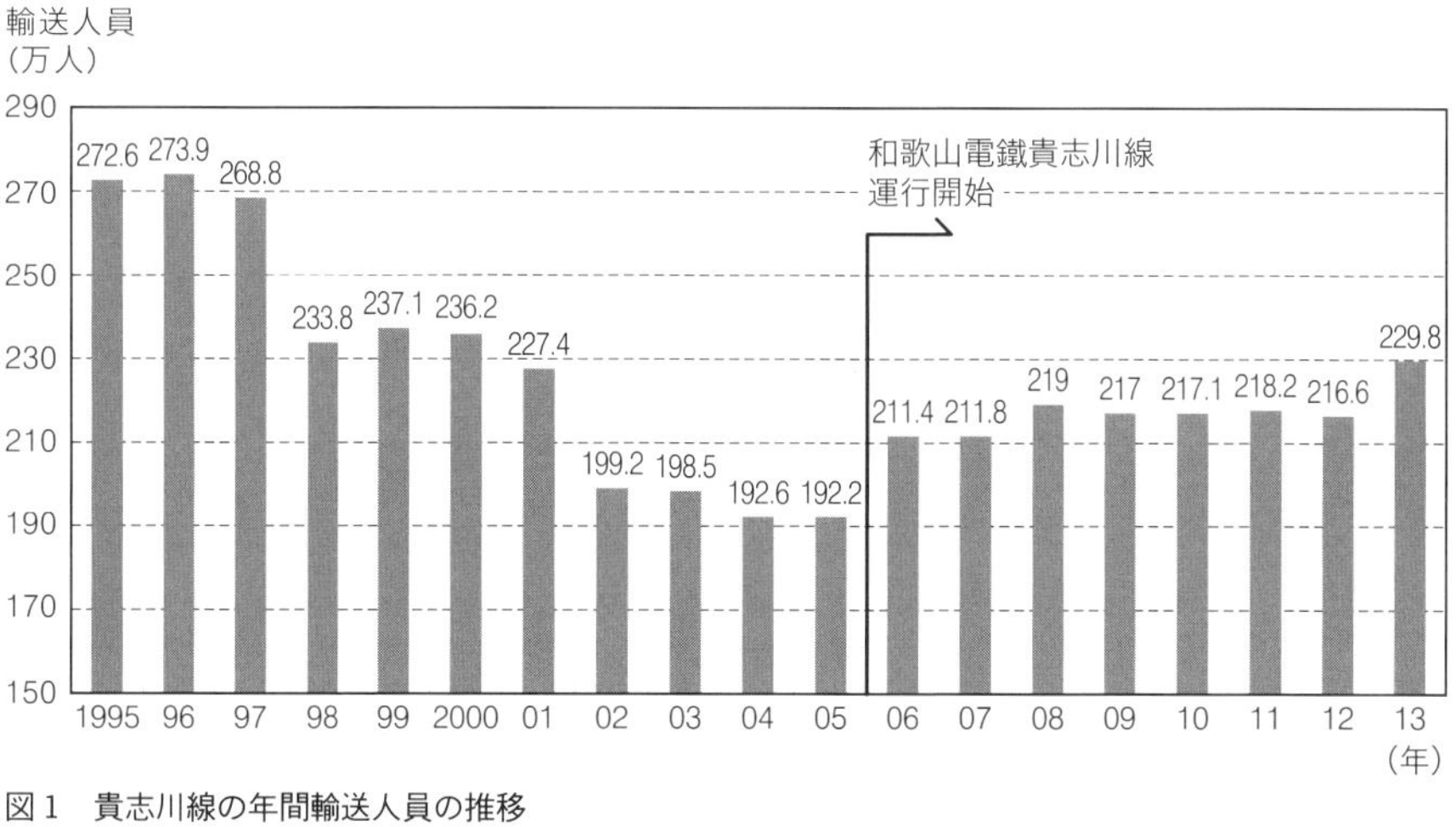

図1　貴志川線の年間輸送人員の推移

再生の経緯と関係者の動き

①行政の動き　03年10月、南海電鉄による経営状況説明を受け、沿線自治体である和歌山市、貴志川町（現・紀の川市）を中心に、両市町議会、自治会関係者、和歌山県を交えた「南海貴志川線対策協議会」が03年12月に設立された。

地域住民の存続に向けた熱意を受け、この協議会では、鉄道存続のための署名活動を実施し南海電鉄に提出した（約25万6千人分）ほか、県や国土交通省への支援要望を出すなど、行政機関として存続のための取り組みを進めた。そして05年2月、貴志川線を存続することで合意し、同年4月に岡山電気軌道が運営事業者に選定され、同社出資の和歌山電鐵、南海電鉄、和歌山県、和歌山市、貴志川町により「貴志川線存続に関する基本合意書」が締結され、県と市町の出資負担額が定められた。運行開始前月の06年3月に、和歌山電鐵、和歌山県、和歌山市、紀の川市、沿線の学校代表、住民代表、各商工会議所などを会員とする「貴志川線運営委員会」が設立された。この「運営委員会」がその後、貴志川線の運営を特徴づける重要なポイントとなるのである。[注1]

貴志川線の利用促進に大きく寄与した行政施策として、和歌山市による市街化調整区域への立地基準の追加と、それによる沿線人口増が挙げられている。[注3]具体的には、01年8月に貴志川線の竈山駅付近等において住宅や小規模店舗等の立地が認められたほか、05年4月には、貴志川線等の各駅から半径500メートル以内の市街化調整区域で住宅や床面積1千500平方メートル以下の店舗等の立地が認められている。貴志川線の各駅周辺は、都市化が比較的遅れていた地域であり、和歌山市の規制緩和をきっかけに戸建て住宅の集積が進み、駅周辺の人口増加が貴志川線の利用者増に、貴志川線の活性化が沿線の人口増に寄与するという相互関係が生まれている可能性があると、辻本[注3]は指摘

注3　辻本勝久「都市・地域交通政策の現場から(2)和歌山電鐵貴志川線の再生と今後の課題」『運輸と経済』72巻、8号、82～92頁、2012年

している。

②「つくる会」の誕生と取り組み　「貴志川線の未来を〝つくる〟会」（通称「つくる会」）は貴志川線存続問題が顕在化した1年後の04年9月に設立され、12年3月31日現在2千7人の会員を有している。設立当初から代表を務める濵口氏はこう語る。「私は和歌山県が開発した貴志川線沿線の団地に住んでおり、当時、八百数十戸の区長をしていた。廃線の話を耳にし、これはたいへんなことになると感じた。そこで04年6月、問題が何かを明らかにするための勉強会を開くことにした」。この勉強会開催の情報を、NHK「ご近所の底力」という番組のディレクターが役所から聞きつけて濵口氏の元にやってくる。勉強会を終えてすぐに「この地域を取り上げたい」とディレクターから濵口氏に電話があり、濵口氏は「正直、しんどいなぁ」とは思ったものの、了承することにした。NHKの取材は7月であり、8月には東京でも収録がなされた。「NHKの全国放送で『三位一体』（市民・事業者・行政）で取り組むと発言してしまった手前、何か行動を起こす必要に迫られた。これまでそのようなことをした経験はないし、何をしてよいかも分からなかったが、住民が立ち上がることで何とかなるかもしれないということで、9月、当時中心メンバーだった7人で（7人の侍のように！）とにかくやってみようと会を立ち上げた。立ち上げ当初には二十数名になっていた」と濵口氏は語る。

同じ頃、濵口氏は、行政主体の「南海貴志川線対策協議会」が主催するシンポジウム（9月7日開催：800人ほど参加）のパネラーとして出演して欲しいとの依頼を受けた。「タイミングも良かったので、①つくる会をつくったことをPRさせて欲しい、②会員の募集をさせて欲しい、との二つの条件を付けて依頼を引き受けた。『つくる会』の会費については、メンバーと議論し、たとえば署名だけなら誰でもできることから、より真剣に貴志川線の存続を願う人々を集めることを意図し、年千円とした。会費というハードルがあったため、会員になってくれるのは多くて数十名くらいを想定していたが、このシンポジウムで200名強もの入会があった。それに力を得て、本格的な活動を始めることができた」と濵口氏は語る。南海電鉄がすでに廃線を届け出ていたため、一年後の廃線は決まっていた。「それは苦しかった。期限は一年だったが、準備期間に半年は必要だろうと考え、存続までの期限はあと半年と思ってスタートした」。

具体的に何をしたらよいかも分からない状況ではあったが、濵口氏率いる「つくる会」は、まず以下の三つの取り組みを進めることにした。

A　行政への働きかけ：町長、市長への陳情・請願、議員への働きかけ等。議員のなかには「財政が厳しいなか、何を言うのか」と怒る人もいれば、理解を示してくれる人もいたとのことである。

B　貴志川線の利用促進：当時、毎年3～5％ずつ乗客が減少していた。廃線になることが決まっていたが、その利用促進に努めた。現在も和歌山電鐵の職員である松原さん（当時は南海の職員）が協力してくれ電車で人形劇や紙芝居を行い、それを新聞などのマスコミで報道してもらった。そのような地道な取り組みで住民の認知度も上がった。

C　住民への啓発活動：貴志川線のことを知ってもらい、声を上げてもらうための活動を行った。まずは自分の家族、サークル、区長の役員会、ＰＴＡなどさまざまな組織に貴志川線の問題を訴え、つくる会への入会を勧めた。

同時に、行政には既存の協議会を解散し、市民を含めた新たな会を作って欲しいと頼んだが、むずかしいとのことであった。また、行政からは、貴志川線の存続に税金を投入するためには、住民の熱意を見せて欲しいと言われていた。９月に始めたＢ、Ｃの取り組みが功を奏し、12月にはつくる会の会員が5千名を超えた。この時期に開催したつくる会主催のシンポジウムでは、電車に乗ってもらうため沿線の高校の体育館を会場とし、800名の参加があった。

04年の夏頃、NHKの「ご近所の底力」において、富山の万葉線の存続に積極的に取り組んだ岡山のRACDA[注4]を紹介された。このRACDAの岡代表が、両備グループ（岡山を中心に運輸・観光、情報、生活の分野で事業展開）の代表を務める岡山電気軌道の小嶋社長に貴志川線の状況を伝え、つないでくれたのである。小嶋社長は内密に自ら貴志川線の視察に来て、一駅ずつおりて乗降客や沿線の状況をつぶさに観察していた。[注5]

　このような住民運動の高まりを受け、05年1月～2月に貴志川線への支援が決まった。公募の条件は5者協議会で決められたが、濵口氏は「本当に応募する組織が出てくるのかが心配だった」そうである。結果として8社が事業運営に手を挙げたが、鉄道事業者は皆無であり、締め切りぎりぎりで岡山電気軌道が応募し05年4月に後継事業者に決定した。和歌山電鐵について濵口氏はこう語る。「現在、和歌山電鐵への補助金は8千200万円／年である。大企業である南海は年5億5千万円の赤字を出していたことを思うとよくやっていると思う」。

　貴志川線の存続に大きな役割を果たした「つくる会」の今後の課題について、濵口氏はこう語る。「現在、役員は二十数名であるが会議に毎回参加するのは十数名程度である。イベント時には、あらかじめ用意してある会員ボランティアのリストから電話でお手伝いを依頼している。しかし、この役員も10年以上ほとんど変わっておらず、年齢があがってきており、今後の人材育成が課題となっている。「つくる会」の活動は基本的にボランティアであり、危機感を持って行える人でなければ続かない。和歌山大学や近畿大学の学生もたまに参加してくれるが、学生は「役員」「中心メンバー」としては期待できないところもある」。

注4　特定非営利活動法人公共の交通ラクダ（RACDA）は岡山市に拠点を置くまちづくりの市民グループである。人と環境にやさしい路面電車と都市の未来を考え、利用しやすい公共交通システムの実現を目指し、市民の立場から活動しており、LRTと呼ばれる次世代の路面電車を中心とする都市交通システムの調査研究、市民への啓発活動、路面電車を使ったイベントなど各種イベントの企画・実行・宣伝等も行っている。他にも行政や交通事業者への働きかけなど、多岐にわたった活動に取り組んでいる。

注5　小嶋光信『日本一のローカル線をつくる―たま駅長に学ぶ公共交通再生』学芸出版社、２０１２年

③岡山電気軌道小嶋社長の決断

ここで、重要なアクターである岡山電気軌道の小嶋光信社長の著書[注5]からその言葉をいくつか引用したい。

「（南海電鉄貴志川線の）路線存続運動として「貴志川線の未来をつくる会」が結成され、約６千人もの熱心な会員が（中略）活動されていました。彼らから両備グループの岡山電気軌道へ熱心なアプローチがあり、①公設民営とすること、②運営会社は第三セクターとせず100％単独出資とすること、③利便向上は和歌山電鐵内の運営委員会ではかること、という（中略）公設民営のノウハウを伝授しました」。

「私自身が社員にも極秘で貴志川線に乗って、各駅を降りて歩き回って得た情報で（中略）①人件費コストは半分にできること、②鉄道に平行する道路環境が（中略）、渋滞が頻発する形状であり、定時性を確保できる交通手段として電車が有利なこと、③地域開発の手が止まってしまっていて、（中略）まったく営業努力の跡が見られないので、手を打つ可能性が見えること、④住民の多くはマイカー通勤で（中略）、まったく鉄道の存在を意識していない状況だったこと、⑤（中略）観光掘り起こしの可能性が見えたこと、などが分かりました。（中略）通常マイナス評価をするでしょうが、私はむしろプラスと評価したのです」。

「そして何よりも、①市民運動が上滑りでなく本物であること、②国、県、二市（和歌山市、紀の川市）の行政の協力体制がしっかりしていたこと、③地域がわずかながらも人口増加地帯であったこと、を確認できたことが、再建の意志を固めた理由です」。

住民参加：運営委員会によるモビリティ・マネジメント

ここで、前述の「貴志川線運営委員会」に話を戻したい。欧州やわが国におけるモビリティ・マネジメントの主体の多くは行政、あるいは交通事業者である。希に住民やＮＰＯが継続的にＭＭに取り組んでいる事例はあるが、予算・人員確保や事業継続に四苦八苦し、綱渡りのような状態であることも多い。—貴志川線の「運営委員会」は、（当事者らは明示的に認識していないかもしれないが）まさに「モビリティのマネジメントに取り組む組織」であり、その柔軟性と真摯さが「たま駅長」「いちご電車」「あと4回切符」など数々のユニークな取り組みを可能にしているのである（具体の取り組みは和歌山電鐵貴志川線ＷＥＢサイトに詳しい）。本節では、この運営委員会の一端を紹介することとしたい。

①運営委員会の概要と役割　06年3月に設立された貴志川線運営委員会は「貴志川線の永続的運営を基本理念とし、関係団体が連携のうえ、貴志川線の利用促進とまちづくりの推進を図ることを目的とし、月1回開催される委員会において協議、調整を行う」ことを目的とし、和歌山県、和歌山市、紀の川市、沿線商工団体、沿線学校、貴志川線の未来をつくる会、和歌山の交通・まちづくりを進める会、そして和歌山電鐵で構成される組織である。貴志川線の運営は、この運営委員会が方針を決め、実行されているのである（経営については、経営責任明確化の観点から和歌山電鐵が責を負うこととなっている）。

当初、貴志川線の出資会社である岡山電気軌道は、運営委員会に入る住民代表を1名のみと想定していたが、市民団体「和歌山市民アクティブネットワーク（ＷＣＡＮ）」[注1]の提案で住民代表が4～5名に増員されるなど、市民参画の度合いを強めた委員構成となった。

この運営委員会は、毎月第三木曜日の夕方、和歌山電鐵の事務所で開催される定例会であり、主な議題は①貴志川線の運営状況報告（乗降客数、収支状況）、②利用促進の取り組み状況報告、③イレギュラーなイベント（事故・不具合・視察対応など）の共有化、等である。乗降客数や収支状況を毎月この委員会で共有化することで、経営の透明性が確保されるとともに、貴志川線への愛着（マイ・レール意識）も醸成されているように見える。

運営委員会について、和歌山電鐵総務企画部長の麻生氏はこう語る。「貴志川線運営の大きな方針を決めるのが運営会議の役割であり、これまでもダイヤ改正や終電延長などを運営委員会で決めてきた。運営委員会は、人間関係をつくることのできた貴重な場である。月一度の定例会であるため、何度も顔を合わせることになり、さまざまな運営上の課題、イベントの準備等を相談しやすい雰囲気が醸成されている。県・市の交通施策担当者が参加しているため、たとえば観光関連部署など、他の部署の担当者を紹介してくれるなど広がりもある。利用者や住民からの「○○して欲しい」等という要望があっても、電鐵としてできない事情があることもあるが、その事情を運営委員会で関係各位に説明し、分かってもらえることもある」。

和歌山市交通政策課の南氏はこう語る。「10年間続いている運営委員会への出席は、異動の多い県や市の担当者の間でも厳然と引き継がれている。和歌山電鐵のもっとも優れた点の一つが、この運営委員会であり、和歌山市も情報収集をさせてもらっている。鉄道事業者だけでは情報発信がむずかしいところを、住民団体である『つくる会』が電鐵の職員以上に真剣に取り組んでいる。前身である南海電鉄のときは、経営悪化が外からはよく見えず、廃線決定も急だったため、『もっと早くに言ってくれれば』という感もあった。その点、和歌山電鐵では、毎月の運営委員会で経営状況がよく分かるので真剣に対処できている。鉄道事業者・行政・市民の3者が一緒に取り組む仕組みが出来ており、恵まれていると思う」。

「つくる会」の濵口氏はこう語る。「それまでにも行政や事業者とさまざまな交渉を行っていたので、運営委員会のメンバーとは当初から顔見知りだった。運営委員会以外に、つくる会の定例会は月2回、大きなイベントのある時期は毎週行っている。和歌山電鐵の職員は勤務時間外であるにも関わらず、『つくる会ががんばっているのに手伝わないのは無責任だ』とつくる会の会合にも参加してくれている。運営会議に限らず、つくる会では圧力団体にはなりたくないという一念から『行政の言い分を聞く』ことを心がけてきた。それが結果的には行政や鉄道事業者の信頼を得ることにつながったと認識している。

和歌山大学の辻本教授はこう語る。「運営委員会が10年以上継続し一定の成功を収めている秘訣の一つは、これが定例会として開催されていることにあると思う。定例会となっていることで日程調整の必要がなく、出席しやすくなっている。現時点では運営委員会は上手くまわっており、その有効性がしめされているが、今後も続けるための仕組みが不可欠である。課題としては、①マンネリ化の打破と②市民団体の担い手の高齢化、にあると考えている。県や市は異動があっても役職で引き継がれるが、住民団体は今後10年、20年を見据え、担い手育成の仕組みが必要である」。

②運営委員会と他の法定会議の関係　貴志川線には、運営委員会の他、地域公共交通活性化・再生法に基づく「和歌山電鐵貴志川線地域公共交通活性化再生協議会」（08年3月設置、以下法定協議会）も存在する。[注1] いずれも運営委員会のメンバーに国や学識経験者を加えた構成となっており、運営委員会と同日、同じ場所で連続して開催されることが通例となっている。設備整備や利用促進などへの国費補助の受け皿として、運営委員会を母体に立ち上げられたものと言える。[注1]

08年8月に策定された「貴志川線地域公共交通総合連携計画」のための討議では、活発な議論が交わされたが、協議会参加者に共通の成功体験や連帯感があり、貴志川線を「地域の宝」「地域の誇り」と認識し、活性化に向けて連携協力する素地ができていたのである。[注1]

貴志川線のこれから

貴志川線の存続に携わり、利用促進を考えたことで、地域はどのように変わったのだろうか？和歌山大学の辻本氏はこう語る。「このプロジェクトに携わるなかで、大学・教職員・学生がＭＭの洗礼を受けたとも言える。研究室の助手は、かつて軽自動車を乗り回していたが、このプロジェクトを手伝ううちに車の買い換えをやめ、ついには鉄道通勤するようになった。ＭＭに関わると研究者や担当者の交通行動が変わっていく。その変化を自分の中だけに閉じこめず、いかにまわりを巻き込んでいくかが問われているのではないか」「貴志川線プロジェクトにおける住民参加の大切さを教訓として、変わったことは数多く、住民、和歌山市、紀の川市、県など地域にとってのビッグバンであった」。一例を挙げると、13年春に運行開始した「地域バス」（コミュニティバスではない）は住民主体で検討され、和歌山市からの補助金に上限をつけたバスであり、貴志川線の住民参加の仕組みがバスにも波及していると言える。

一方で、沿線のポテンシャルは高いものの営業収支はいまだ赤字であり、貴志川線モデルの限界も指摘されている。[注3] 住民の主体的参画と交通事業者の経営努力はもちろんのこと、国や沿線自治体による支援の法的・財源的な根拠を拡大する、戦略的な取り組みが求められている。

以上述べたように、貴志川線の運営委員会は、たんなる形式的な意見交換の場ではない。事業者・行政・住民が三位一体となってモビリティのマネジメントを続けていくための情報共有・アイデアの交換・計画・調整・実施・評価の場として有効に機能しているのである。モビリティ・マネジメントは一時のイベントではなく、永続的な取り組みである。住民が主体的に参画する鉄道運営を10年以上続けている貴志川線の事例から得られた知見は、他地域にも十分応用可能であろう。

接遇は鉄道の命　—江ノ島電鉄の取り組み

本節では、地方鉄道のマネジメントの一環として、案内サインの改良をきっかけに、休日の混雑平準化を目的としたＭＭに取り組み、そのＭＭの副次的効果として接遇改善にいたった江ノ島電鉄（江ノ電）の事例を紹介する。

江ノ電は、神奈川県を鎌倉から藤沢までを結ぶ小田急グループの地方鉄道である。首都圏に近接し、沿線は観光資源に恵まれているものの、休日の一部区間が非常に混雑すること、他社線との乗り継ぎの案内が分かりにくいことなどいくつかの課題も抱えていた。以下に述べるのは、交通事業者自らが「できることから少しずつ」地道に取り組んだ成果である。

江ノ電の課題

江ノ電は、02年（明治35年）に江之島電氣鐵道株式会社（現法人とは別）が藤沢〜片瀬（現・江ノ島）間を開業し、26年（大正15年）に江ノ島電気鉄道株式会社（現法人）が設立された、由緒ある地方鉄道である。単線のローカル感と、沿線に古都鎌倉・湘南を抱える恵まれた立地から、テレビドラマや歌謡曲で取り上げられることも多く、国内外の認知度も高い。そんな江ノ電にも悩みがあった—。

①休祝日の大混雑　江ノ電は運賃収入の7割が定期外利用で、観光目的の利用が多く、とくに休祝日の13時〜15時における鎌倉〜長谷《はせ》間は著しい混雑であった。これは、主に東京方面からの観光客が、午前中に鎌倉の鶴岡八幡宮を訪れ、昼食を鎌倉でとって午後から長谷の鎌倉大仏へ、という流れに起因する混雑であった。

一般に、鎌倉を訪れる観光客は、来たときと同じ経路で帰る（東京方面→鎌倉→長谷→鎌倉→東京方面）ことが多く、これが鎌倉〜長谷間の混雑を一層深刻にしていたのである。鎌倉市と、湘南・江の島を有する藤沢市は異なる自治体であり、鎌倉市は湘南・江の島の観光情報を有しておらず、藤沢市も鎌倉の観光情報を積極的に発信する状況にはない。大手の旅行雑誌でも「鎌倉」と「江の島・湘南」は一体として扱われておらず、一部に記載はあるものの別の観光地と認識されていた。

しかし、実際には、東京方面へは鎌倉・藤沢からのアクセスに運賃・時間の差はほとんどなく（図2）、東京→鎌倉→長谷→江ノ島→藤沢→東京という周遊観光も十分に可能である。

また、江ノ電車両内の混雑のみならず、江ノ電鎌倉駅構内の混雑も深刻となっていた。これには構造的な問題も絡んでいた。例えば、江ノ電を鎌倉駅で降車し、鶴岡八幡宮や小町通りなどの観光拠点への出口となるJR東口へ向かうには、江ノ電鎌倉駅の「JRのりかえ口」で自動改札を通る際に「東口通過サービス用」の赤いボタンを押すことで直接行くことができる。しかし、それに気づかず通過するとエラーとしてはじかれてしまうのである。一方で、江ノ電の出口である西口改札口を出てしまうと、その後の観光拠点への案内サインが少ないうえにル

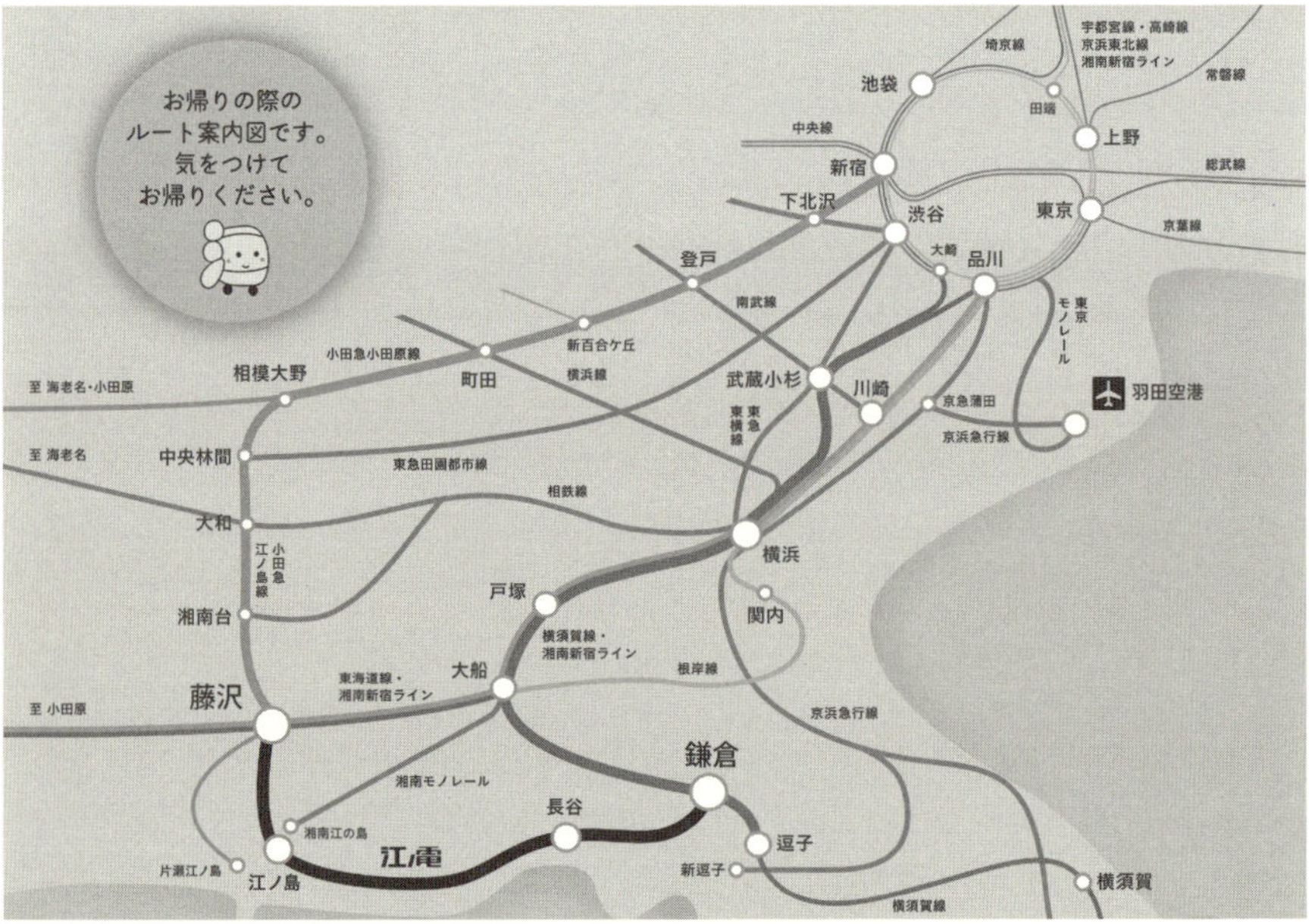

図2　首都圏における江ノ電の位置（出典：トワイライトな江の島ブック）

ートがわかりにくいため、改札前で乗客が右往左往し、滞留していたのである。

②駅員のキモチ　駅構内の混雑に対応するため、当時鎌倉駅の駅員であった石榑《いしぐれ》氏は案内表示を自らパソコンで作成し、駅構内に貼ることを続けていた。石榑氏は当時をこう語る。「08年の秋くらいから、分かりづらいところを案内するために案内表示を作っていました。建前上は、分かりやすく説明するため、なのですが、駅員としてはお客さまに話しかけられたくなかった。毎日同じことを聞かれるのは苦痛でした。他の駅員から『お客さまからこういうのもよく聞かれるから入れて』と頼まれ、どんどん貼り紙が増えていきました。一カ所に貼ったら、他の駅員から『まだ聞かれるからここにも貼って』と言われて。どうにかしたいというキモチはありましたが、どうすればいいのかは分かっていませんでした。当時は出勤するたびに1枚ずつ案内表示が増えていった感じ。毎日プリンタが動き、ラミネータが動き、両面テープは10巻単位で買っていました」。

乗客とのコミュニケーションが苦痛であったがゆえに、駅員は案内表示を増やし、ところ構わず貼られた案内表示に乗客は混乱し、駅員に尋ねる、という悪循環であった。

顧客ニーズ調査とコンサルタントの提案

①コンサルタントとの出会い　MMに取り組むきっかけについて、当時江ノ電の営業課長として本社中枢にいた中沢氏はコンサルタントとの出会いをこう語る。「当時、駅の改修計画があり、建設会社から提案を受けていました。しかし建設会社の提案は『駅』の機能に着目したもので観光施設という視点が欠けていたため、『観光客のニーズに沿った駅を』と考えて、そういう検討ができるコンサルタントを紹介してもらいました。このコンサルタントの担当者が小美野氏でした」。

小美野氏（現・㈱ドーコン）は、当時をこう語る。「小田急グループのゼネコンさんに、『江ノ電が観光客のニーズに対応した駅の案内サインの見直しを考えている』と相談され、紹介されました。最初の提案は、江ノ電の駅構内は貼り紙だらけなのでどうにかしないと、ということだったと記憶しています。たんに案内サインを見直すだけでなく、どのようにお客さまを流すのかを考えたほうが良い。路線図もちゃんと作れば鎌倉〜長谷に偏ったお客さまもどこへ行けばいいかすぐに分かるはずだ、ということを提案しました。『MMをやりましょう』という提案ではなく、課題解決のツールとしてしっかりした情報提供をしましょう、と。そこからMMへとつなげました。その中で、基礎的なデータとして、まずはお客さまのニーズ調査を提案しました。それが10年の年末でした」。

このニーズ調査の結果、「混雑」が江ノ電の主要な課題として挙がってきた。しかし、江ノ電では、ホームを延長する、複線化するなど、混雑緩和に向けた抜本的なハードの輸送力改善はむずかしい。そこで、小美野氏は「案内サインの拡充を含めた情報提供などのソフト施策による混雑緩和」を江ノ電に提案することにしたのである。

「15年ほど前にプライベートで豪州のパースに行ったとき、まちなかで何かやっていたので資料をもらって話を聞くとMMでした」。小美野氏はこう語る。「『これはおもしろい』と思いましたが、当時はMMに携わる機会がありませんでした。その後、中部地方の民鉄線での利用促進MMに携わり、割とうまくいったという成功経験がありましたので、江ノ電さんにも自信を持って提案できたのです」。

中沢氏は「小美野さんから提案を受けた当時、MMという言葉は知りませんでした。マネジメントという概念は運輸安全マネジメント等の取り組みで分かっていましたが、横浜のみなとみらい[注6]かと思ったくらいです（笑）。しかし、MMのコンセプトを学ぶにつれ、おもしろい発想だと思いました。お客さまとのコミュニケーションを重視するMMをぜひやってみたいと」と語る。

注6　みなとみらいはMMと略されることが多い地区。

②MMにおけるコンサルタントの役割

小美野氏はコンサルタントとしての自らの役割をこう語る。

「行政に対しても交通事業者さんに対しても、その機関が抱える課題の解決策の一つとしてMMを提案することが重要だと思います。『きちんとした情報提供や人々の意識を変えることで『行動』も変わります、やってみませんか?それをMMというのです』と説明すると分かってもらえることが多いです」。

「そもそも交通事業者さんが路線図・バスマップや時刻表の重要性に気がついておられないこともあると感じます。路線図・バスマップ等の情報提供でお客さまの行動が変わるとはなかなか考えにくいのだと思います。『誰かに作れと言われたから、取りあえず作ろう』となってしまい、お客さまに分かりやすく、使いやすく、というモチベーションがどうしてもないこともある。そこを変えていく必要がある。コンサルタントがそのポイントを上手く伝えられていないという現状もあると思います。交通事業者さんに『俺たちでも何かできるんだ』と思ってもらうこと、分かってもらうことが大事」。

「行政や交通事業者のなかでMMに興味のある、問題意識のある担当者が、役所内・社内を説得できるデータを提供することも、コンサルタントの役割だと思います」。

MMは、自治体職員や交通事業者が手弁当で行うことももちろん可能であるし、実際にそのような事例も存在する。一方で、さまざまな事例を経験し、客観的に地域を評価できるコンサルタントの助言を仰ぐことが、MM成功の早道であるという側面もおおいにあると考えられる。

ブランド会議の立ち上げとピーク・カットMM

10年秋、小美野氏は案内サイン改善の検討を行う会議体について江ノ電の中沢氏と相談した。当時、江ノ電では観光ニーズに応える施策展開の会議体として「ブランド会議」の設置を検討していたことから、これを活用することになった。このブランド会議の場で案内サイン計画をはじめとし、ピーク・カットMMなど新たな取り組みのアイデアが生みだされたのである。

①ブランド会議：人選はいかに？

ブランド会議のメンバー選定にあたって、小美野氏は「現場の人（乗務員・駅員）と若手の女性、本社のエラい人を含めてほしい。さらにコンサル、建築、デザイン等を担う我々をサポートチームとして加えてほしい」と提案した。実際の人選を行った当時統括駅長の峯尾氏はこう語る。「当時の江ノ電では、何事も本社が主体で動いていたので、このブランド会議のメンバーを選ぶときは、まず、現場が主体的に動くにはどうしたら良いかを考えました。どんな組織でも同じかと思いますが、末端を動かすのはむずかしく、指示を受けてやるのは「（指示を受けなければ）やらない」につながってしまう。まずは駅の幹部職員を動かさなければならないし、若手の発想を活かすにもその幹部職員がアイデアをつぶしてしまっては元も子もない。ですので、若手のアイデアをどんどん取り入れるフラットな会議を目指しました。実は、当時、駅のベテランから『なんであんな若いやつが？』という声もありましたが、駅長命令だから、の一言で終わりにしました（苦笑）」。

10年秋、このブランド会議メンバーに入った駅員の石榑氏と大塚氏は、当時20代半ばの若さであった。大塚氏はこう語る。「最初は『会議をやるからちょっときて』と言われ、もともと興味があったこともあり、『ふーん、そうですか、じゃあ行きます』という感じでした。これまで、現場の一係員の意見が反映されることはなかったので、斬新な会議だったと思います。たとえば案内サインで、駅ナンバリングのハイフン、フォントなど細かいところまで意見を聞いてもらえて、おもしろいくらい僕たちの言うとおりになったのです」（図３）。

②駅構内の案内サイン計画

若手二人が手作りした駅構内の案内貼り紙はどんどん増え、「やり過ぎた感（石樽氏談）」が漂っていた10年末、江ノ電は前述の利用者ニーズ調査を実施した。この結果、江ノ電は「混雑がひどい」「二度と使わない」「次回からはクルマで来る」など利用者からの辛口の意見を受けるとともに、ブランド会議における若手二人からの案内サイン改善の強い要望が利用者ニーズと合致することが明らかとなり、案内サイン計画の策定に乗り出した。小美野氏は若手の二人をこう語る。「彼らがブランド会議に入ってから、さまざまなことが一気に進展しました。とてもやる気があって、私の提案に対し、議論しつつ、プライベートの時間に同業他社の状況を視察に行っていたし、二人で15駅の駅員さんの総意を取り付けるべく説得もしていました」。

11年３月、中沢氏からのトップダウンで、駅構内の案内貼り紙を全部はがすよう指令が下った。それを受けた駅長の峯尾氏は「せっかく若手駅員ががんばって作ったものなのに、それはちょっと…」と思ったそうである。しかし、サイン計画もＭＭの重要な要素であり、情報過多にならないことも重要であるとの認識は共有され、社としての考え方は定まっていった。峯尾氏はこう語る。「掲示物がなくなったため、当然ながらお客さまからの問い合わせは増加しました。しかし、そこから窓口の外に出て案内するというアイデアが生まれたのです。正直なところ、最初は他の駅員からは反発

図３　ブランド会議の様子

もありましたが、徐々に他の駅員にも理解してもらえるようになっています」。

11年5月、ブランド会議で策定した案内サイン計画に基づき、鎌倉駅構内の案内サインが一新された（図4、5）。その後、順に案内サインが更新され、15年4月現在、1駅を除く14駅で新たな案内サインが導入されている。この案内サイン計画では、ホーム中央付近に①路線図、②時刻表、③出口案内、④沿線観光地図、⑤駅構内図、⑥注意、⑦使える切符・使えない切符、の案内板が設置されている。⑦については、現場からの「ICカードを使えないと勝手に思い込んだお客さまがタクシーを使ってしまうので、使えるという表示をしたほうがいい」という提案から実現したものである。これまでお客さまからもらった質問を蓄積し、それに応える具体的なビジョンを案内サインとしてまとめたのであった。

案内サイン更新の効果はすぐに目に見える形で現れた。お客さんの流れが変わったのである。「適切な情報提供を行った結果、お客さまの行動が変わった」という事実は、社内の意識を変えるのに十分であった。小美野氏は当時をこう語る。「案内サインの更新は、MMの素地として、第一歩だったと思う。自らのブランド価値に比較的無頓着だった（とくに何もしなくても映画の題材となったり、お客さまが乗っていた）江ノ電さんが、案内サインを変えるブランド会議のなかでコンセプトやテーマカラーを決めたりしなければならなかった。自らのブランドと向き合ってじっくり話し合う機会となったのではないでしょうか」。

図4　鎌倉駅の案内表示

③ピーク・カットMM：混雑平準化のための戦略　―アフタヌーン・パス

ここで、話を10年末に実施した利用者ニーズ調査に戻す。このニーズ調査でもっとも満足度が低かったのが「混雑」であったことは、前項の①「コンサルタントとの出会い」で述べたとおりである。この調査では、お客さんが江ノ電を利用した区間と時間帯、印象評価を聞いていたため、休日午前中の顧客満足度は高く、午後が低く、夜間は高いという傾向が把握できたのである。適切に設計されたニーズ調査は、MMに限らずさまざまな経営戦略を練るにあたっての重要なエビデンスとなるのである。

「ニーズ調査の分析結果から、11年3月くらいには鎌倉〜長谷の流動をいかに江ノ島・藤沢へ流すかというだけではなく、ピーク・カットの余地もあるのではないかと考えていました」。ピーク・カットMM立案におけるデータの重要性について小美野氏はこう語る。「4月に江ノ電さんに提案したところ、データがないと社内説得できないとのことで6月ごろに自動改札機のデータをもらって分析しました。その結果を踏まえ、再度7月にピーク・カットMMを提案したところ、内々でOKが出たのです。これもデータの裏付けがあったからだったと思います。」その後、11年末にはピーク・カットMMの概要が定まり、12年1月ごろ、このMMの重要な仕掛けの一つ、「アフタヌーン・パス」の申請が関東運輸局に提出された。

江ノ電の中沢氏は当時をこう語っている。「会社としては、江の島の夕・夜間を売り出すという戦略もありました。この戦略により17時までの営業だった江の島の頂上にある展望灯台（江ノ島シーキャンドル）と植物園（サムエル・コッキング苑）の営業時間を20時まで延長することになり、15時くらいに鎌倉から帰るお客さまに江の島まで来ていただいて、藤沢から帰京してもらうルートを売り出すことにしたのです」。

ピーク・カットMMの実際のメニューは以下の三つであった。

A　13時以降、江ノ電全線と江の島エスカー（頂上まで行く有料エスカレータ）の

図5　鎌倉駅のJR乗り換え案内表示

運賃、江の島の頂上にある植物園と灯台の入場料、計1千450円が千円になる企画乗車券「アフタヌーン・パス」の販売

B　リーフレット「トワイライトな江の島ブック」による情報提供

C　係員によるお客さんへの直接的コミュニケーション：乗車券発売時に、係員がリーフレット「トワイライトな江の島ブック」を使って、①時間を少しずらすだけで混雑に巻き込まれないこと、②夕方〜夜間の移動にはアフタヌーン・パスがお得なこと、をお客さんに説明するコミュニケーション

「アフタヌーン・パスのメイン・ターゲットは若い女性です」。ピーク・カットMMのコンセプトづくりとツール制作に尽力した株式会社玄の高島氏は、こう語っている。「ブランド会議メンバーの女性から『鎌倉は夜ごはんを食べるお店が少ない。だから東京から来た人は横浜の中華街で夕飯を食べて帰ることが多い』という指摘を受けました。これが16時台に江ノ電が混雑する理由の一つだったのです。お酒を飲んで夜遅く帰ることができるのは若い女性です。シニアの女性や寺社仏閣巡りをする人は閉館時間もあるので朝早く来て日中で帰ってしまう。一方、江の島の夜景とスイーツ、おしゃれなショップは若い女性にウケます。女性が来ないと男性にも来てもらえません。グルメに反応するのもこの層なので、リーフレットには江の島のカフェやレストランを掲載し、色調も女性を意識して柔らかい感じに仕上げました」。—ターゲットを練って明確にし、その層の行動を想定したコミュニケーション・ツールをつくる、いわゆるマーケティングが功を奏した好例と言えよう。

もう一つ、ニーズ調査で明らかになったお客さんからの声について、高島氏はこう語る。「アンケートのなかで『江ノ電は路面電車と聞いたけれど、道路を走っていない』『海が見えると聞いた

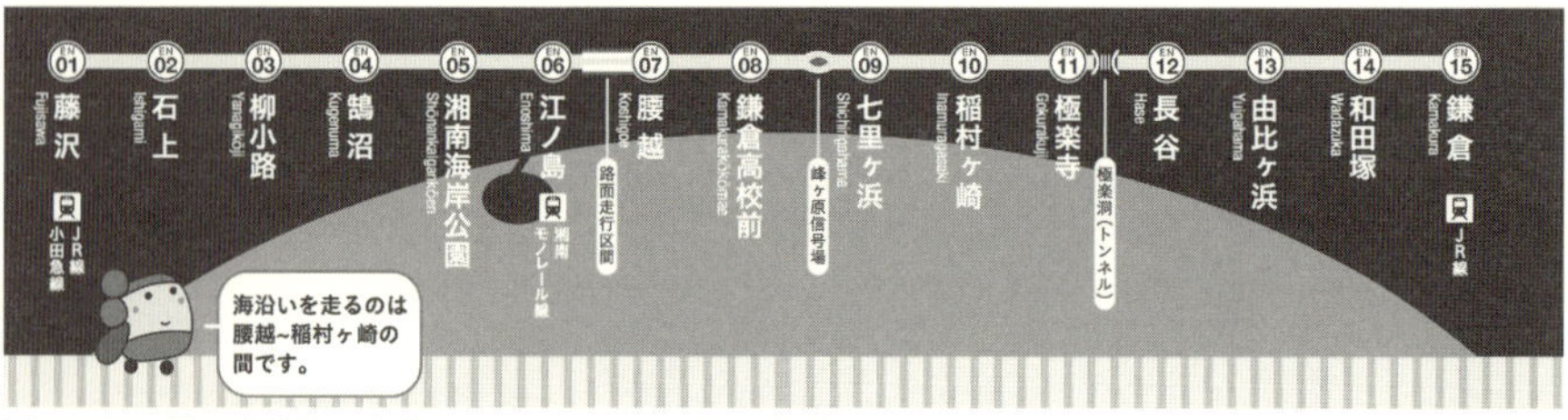

図6　江ノ電の路線図（出典：トワイライトな江の島ブック）

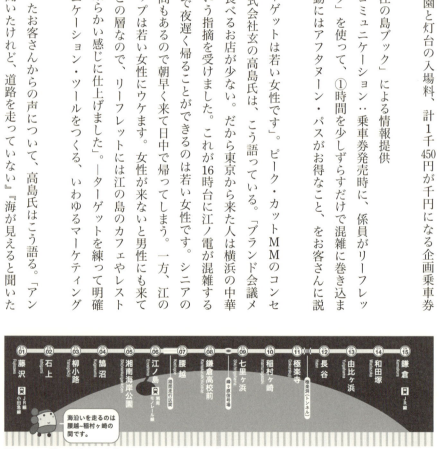

けれど見えなかった』という苦情がありました。鎌倉~長谷の間しか乗っていないお客さんでした。そこで、リーフレットの路線図には道路を走るポイント、海が見えるポイントを記載することにしました」。

こうして出来あがったリーフレットが「トワイライトな江の島ブック」（図7）であった。

さて、ピーク・カットMMのキモは、Cの係員によるお客さんへの直接的コミュニケーションである。これまで、多くのMM事例では、リーフレットの読了とアンケートへの回答を要請するというコミュニケーションで成功を収めてきた。それは大規模かつ個別的なコミュニケーションを行うための方略であっ

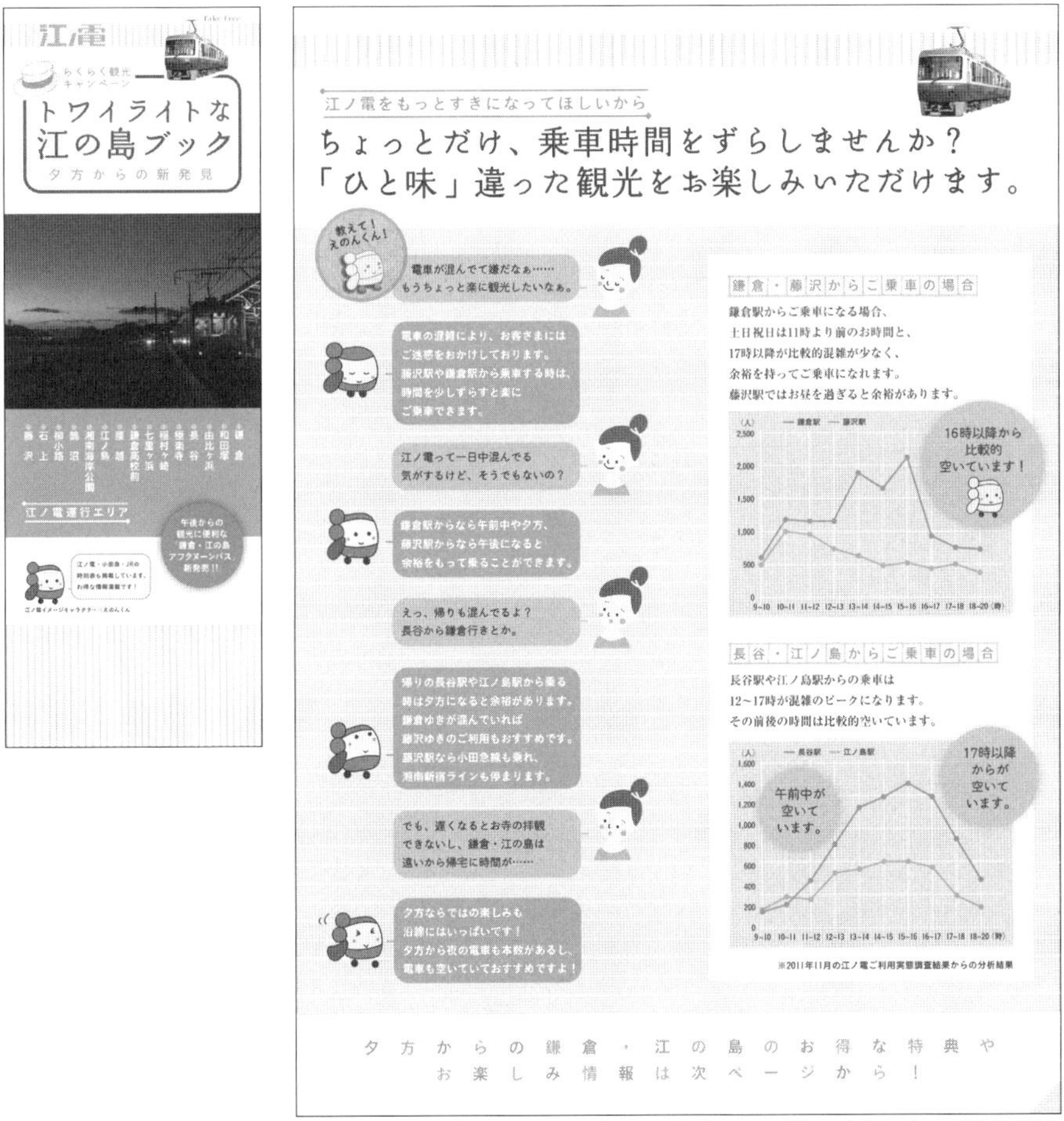

図7　ピーク・カットMMのリーフレット「トワイライトな江の島ブック」（左：表紙　右：乗車時間変更を促すメッセージの例）

た。江ノ電のピーク・カットMMは、リーフレットの配布に加えて駅構内での直接的コミュニケーションを行うことで、その効果が駅員の目に見えるかたちで表れることとなった。

石榑氏が鎌倉駅での接客を実演してくれた。「まず、券売機上部にある路線図や運賃表を眺めて思い悩んでいるお客さまが、何を話しているかを盗み聞きします（笑）。『一日乗車券もあるのね』『別々に買ったらいくらになるのかしら？』等々。そこで『いかがいたしましたか？』と声をかけます。もし一日乗車券を買おうとされていたら、『このようなアフタヌーン・パスというのもありますよ』とリーフレットを見せて説明します。『江の島には海がありまして、寺社仏閣や仲見世のお店がたくさんあります。半日で巡ることができますよ。今、昨日から発売されたこの券（アフタヌーン・パス）は江ノ電乗り放題、江の島のさまざまな施設の入場料込みでお得になっています。夕方以降は江ノ電も空いているのでおすすめです。窓口で発売しておりますので、窓口へお越しください』。新宿など運賃表にない駅までの運賃を聞かれたりもしますので、JR湘南新宿ラインなど、他社線の接続時刻表もリーフレットに掲載しています。私の話を聞いてアフタヌーン・パスを買ってくれるお客さまがいるのはとてもうれしいことでした」。石榑氏は、学生時代にファミリーレストランでアルバイトしていた経験があり、もともと接客が好きだったとのことである。

小美野氏は若手二人についてこう語る。「彼らは『江ノ電はこの時間帯は混んでいるので、今は乗らないほうがいいですよ』などと、モノレール、JR、バスを勧めたりもしています。お客さんが逡巡するタイミングでコミュニケーションしている。あれだけのことができているのはすごいです

図8 駅員室を出て案内をする石榑氏（左手）

ね。５年前の江ノ電はこうではなかった。駅員に聞いても何の説明もありませんでした」。

ピーク・カットＭＭは成功裏に終わり、江ノ電が12年度ＪＣＯＭＭプロジェクト賞を受賞する一助となった。アフタヌーン・パスは現在も発売されている。

これらの取り組みの波及効果として、若手社員が主体的にさまざまな取り組みを始めたことがあげられる。たとえば、石榑氏は、毎回異なる社員とともに手書きの沿線紹介ニュースレター「ぐれはちさんぽ」を制作し、Ａ１版に拡大して駅に貼りだしている。乗客にも好評で「ぐれはちさんぽに載ってた社員さんを探します！」などと声をかけられることもあるそうである。「今、私は顧客満足度向上のための接遇対策グループ長をしています。このニューズレターで分かったのは、顧客満足度（ＣＳ：Customer Satisfaction）の向上には限界があるということでした。相手がお客さまだから、できないことがあるのは当然かもしれません。でも、従業員満足度（ＥＳ：Employee Satisfaction）向上は限界が高いと思っています。ＣＳとＥＳは表裏一体ですので、社員がいい取り組みをしたら仲間内で表彰し、みんなで共有する「グッドジョブカード」も進めています。他にも「ハッとしてグッド」はヒヤリハット[注7]の接遇版で、課題を抽出することも大きな目的です。これも、ブランド会議から始まるＭＭから派生しています」。

きっかけとしてのＪＣＯＭＭ

江ノ電への取材では、関係者がみんな、口を揃えて「ＪＣＯＭＭに参加して意識が変わった」とおっしゃっていたのが印象的であった。

中沢氏はこう語る。「事前情報を何も与えずに若手二人をＪＣＯＭＭ八戸大会（11年）へ連れていきました。勉強してこい、というつもりでしたが、当時は二人とも、何を言っているのかさっぱり

注7　ヒヤリハットとは、重大な災害や事故には至らないものの、直結してもおかしくない一歩手前の事例の発見をいう。文字通り、「突発的な事象やミスにヒヤリとしたり、ハッとしたりするもの」である。

分からない状況だったようです。そのあと二人は富山、仙台、帯広すべてに参加しています。若い人にそういう場への参加機会を提供し、彼らにある程度権限を与えてプロジェクトをゆだね、いい方向に導いて欲しいと思っています。また、富山大会（12年）に当時担当役員だった常務に一緒に来てもらったところ、社長にていねいに報告してくれて、仙台大会で受賞したときは社長自ら賞状を受け取りに仙台に行きました。トップマネジメントとしてもＪＣＯＭＭの役割は重要だったと思います」。「企業活動をしていると学術的な話を聞く機会はほぼありません。ＪＣＯＭＭでは大学の教員や学生からの提案・知見がものごとを論理的に思考するという点で参考になりました」。

大塚氏は「私はお酒が大好きなので、毎回、ＪＣＯＭＭの楽しみは懇親会です。懇親会でたまたま話した人の発表が次の日にあり、『こんなことを考えていたんだ！』と驚くとともに視野が広がったこともあります。何より『江ノ電は恵まれている』ということが分かったことが大きな収穫でした。江ノ電を残していきたいと強く思いました。ＪＣＯＭＭでいろいろな考え方を聞いて、自分なりにかみ砕いて（江ノ電の施策にするまではいたらずとも）、ある程度目標が見えた気がします」とＪＣＯＭＭの存在意義を語ってくれた。

峯尾氏はこう語る。「入社して30年たちますが、そのうち23年は運転系の仕事をしており、正直、ＭＭのような取り組みにはまったく興味がありませんでした。分からないから興味がなかったのです。『安全』が私の主な仕事でした。公共交通は勝手にまちを走っていて乗りたい人が勝手に乗るのだと思っていたのです。お客さま目線で考えることを始めたのは、駅長になったタイミングでＭＭに取り組んでから。ものの考え方をくるっと転換するきっかけになったのがＪＣＯＭＭだったと思います」。

江ノ電のこれから：観光と地域密着のジレンマ―若手の思い

子どものころから江ノ電沿線で育ち、江ノ電が大好きだったという大塚氏は、江ノ電のあり方についてこう語っている。「JCOMMなどで他の地域の話を聞くにつれ、江ノ電に置き換えたらどうだろう?と考えるようになりました。地方鉄道としての理想はあるけれど、会社としての判断と理想が異なっていたり、周囲の同僚がどう感じるかもさまざまです。江ノ電は観光鉄道の色彩が強く、定期外利用が7割で、鎌倉市も人口減に転じたことから、今後、ますます観光利用のお客さまが重要になることは分かります。江ノ電が湘南地域のプロモーターになるべきだとも思います。一方で、沿線に住む方々からは『江ノ電は混んでいて乗れない』『終電が早い』という声もいただいています。江ノ電は110年以上この地域を走っています。その地域をないがしろにするような施策はしないで欲しい。『江ノ電は観光客ばかりを相手にしている』というふうにはなりたくありません。たとえば、会社の経営計画ではしきりに『観光、観光』と言っています。車両の更新の際にも、『観光のお客さまに楽しんでいただける車両にする』とのこと。江ノ電も朝晩は地元の方の通勤電車なのに、奇抜な観光用の電車が朝も走ることになります。それはちょっとどうなの?と思います。―地域とのつながりを深めるためには、自分たちが積極的に地域に出ていかなければならないと思っています。自分たちが楽しみながら地域を知り、大切にすることから地域との良い関係が始まるのではないかと」。

中沢氏は大塚氏の思いをこう受け止めている。「会社として沿線価値をどう高めるかは重要な問題です。沿線の活力が上がることで交通機関である我々の収益にもつながるからです。観光のお客さまにだけ目を向けているわけではなく、地域の人がいかに恩恵を受けられるかも考えています。

観光で得られた利益をどのように地域に還元するか。たとえば定期券の値下げや回数券のスキームを変えるなど、できることはあるでしょう。14年4月の消費税が5％から8％にアップしたときは、最低区間の運賃を据え置いたりもしています。大塚氏はそのような地元対応のメニューがもう少し欲しいと思っているのだと思います。私も、江ノ電はこれからそのような方向に、地元を大切にする方向に動いていくべきだと思います」。

ブランド会議というフラットな議論の場を設けつつ、案内表示の改善やピーク・カットMMを実施し、接遇向上に向けた社員の自主的な活動を促す江ノ電の取り組みは、さまざまな組織のマネジメントにも共通する知見を示唆している。—それは、若手が自由に動ける仕組みをつくることであり、相談役としてのコンサルタントの活用であり、情報収集・勉強の場としてのＪＣＯＭＭの活用であった。

「安全は鉄道の命」であることは間違いない。しかしわが国では今や「安全は当たり前」になり、安全だけが鉄道のウリになる時代は過ぎ去った。「接遇も鉄道の命」となる日も近いのかもしれない。

第2部 多様なモビリティ・マネジメント実践

交通まちづくり、そして、鉄道やバスの利用促進で実際に成功を収めたMM。その考え方の中心にあるのは、「人と人との交流＝コミュニケーション」。つまり、モビリティの問題を無機質なシステムの問題として（自然科学的に）捉えるのではなく、あくまでも「人間」「社会」の問題として（人文社会科学的に）捉えるアプローチがMM。この考え方の根幹にあるのは「教育」である一方、その適用範囲はあらゆる問題に広がる。こうした視点から、第2部では最も人間的な取り組みである「学校教育」と最もシステム的問題として捉えられてきた「道路混雑」問題の双方におけるMMを紹介する。同時に、「買い物」「放置駐輪」「景観」そして「防災」といった様々な問題に、このMMアプローチを採用した事例を紹介する。

第4章 子どもたちに「交通」の大切さを教えたい（MM教育）

chapter 4

クルマが引き起こす多くの社会問題の解決にモビリティ・マネジメントの考え方と取り組みは欠かすことができない。そのなかでも学校教育の役割はとりわけ重要である。一つは、マイカーに依存しきった生活に浸っている大人よりも、これからマイカーを利用することになる子どもたちのほうが効果的であるという点。最初に、クルマにまつわる社会の問題を認識したうえで、クルマとかしこくつきあっていく意識と方法を身につけるほうが、効果的であろう。さらに重要な点は、「交通」は、学校教育の大きな目標である国家・社会の形成者、すなわち市民・国民として行動するうえで必要とされる資質（公民的資質）を養うのにきわめて有用な対象であるということにある。渋滞や安全、環境、福祉の問題など交通に関わる地域社会のさまざまな問題に子どもたちがふれることができるため、私たちの普段の生活が地域社会に良い影響、悪い影響を与えていることを実感をともなって理解することができる。こうした実感と理解をともなっているため、主体的に地域社会をよくしていくために行動できることを考え、実践していくことができる。こうしたことから、2000年前後からモビリティ・マネジメントを学校教育で実践する取り組みが始まった。最近では**「モビリティ・マネジメント教育」**、すなわち「私たち一人ひとりの移動手段や社会全体の交通を

『人や社会、環境にやさしい』という観点から見直し、改善していくために自発的な行動をとれるような人間を育てることを目指した教育活動」としてまとめられている。注1

小学校学習指導要領をみると、交通はさまざまな学年で関係している。たとえば、社会科の第3学年、第4学年の地域学習では、身近な地域の交通の様子を調べたり、人々の生活の変化と交通の発展を関連づけて考えたりする授業が考えられる。第5学年の国土・産業学習では、生産地と消費地を結ぶ運輸・交通の役割や環境に配慮した自動車の生産、工業生産を支える交通の役割を学ぶ。さらに第6学年の歴史・政治学習で、環境に配慮した交通まちづくりを通して地域自治を学ぶことができる。このようなことからモビリティ・マネジメント教育の教材が数多く開発、実践されてきた。代表的なプログラムとして「かしこいクルマの使い方を考える」があげられる。このプログラムは、前半の授業でクルマが社会に及ぼす良い影響と悪い影響を示したうえで、かしこくクルマとつきあっていく節度ある態度が必要であることを理解させる。そして後半の授業で、児童にクルマの使い方を自分の生活に即して考える行動プランを作成させる。このほかにも社会的ジレンマ注2を考えさせる「交通すごろく」やモノのながれを取り上げた「フードマイレージ注3」など数多くの授業実践が報告されている。注1 本章ではこうした授業実践事例を紹介する。

札幌でのモビリティ・マネジメント教育

小学校でのモビリティ・マネジメントは、コミュニケーションとして理想的なフェイス・トゥ・フェイスの形をとり、長期的に考えると効果も大きい。その一方で、市町村の職員からすると小学校の教員は業務で接する機会も少ないためハードルを高く感じることもあろう。

注1　唐木清志、藤井聡『モビリティ・マネジメント教育』東洋館出版社、2011年

注2　人々が公益よりも私益を優先させると結果的に社会全体の公益が低下し、人々が私益の観点から結局損をしてしまう社会状況。

注3　食料が生産地から消費者に届くまでの距離を指す。輸送に伴って二酸化炭素が排出されることから環境指標としても扱われる。

ここでは、日本のモビリティ・マネジメント教育の発祥として有名な札幌市を取り上げる。現場の教諭と行政、コンサルタント、交通事業者らが連携した組織のもと、道路、交通をテーマにした魅力的な教材を教師が開発、授業実践し、それを拡げていくという理想的な活動を展開している。札幌でのモビリティ・マネジメント教育のはじまりと展開のプロセスを追うことで、モビリティ・マネジメント教育を進めるポイントを示そう。

はじまりは1本の電話から

２０００年に導入される総合的な学習の時間（以下、総合学習と表記）に備えて、全国の学校現場では環境や国際理解など地域の実態に応じた課題解決型のテーマでの授業が模索されていた。98年当時、北海道教育大学附属小学校の新保元康教諭（現・札幌市立幌西小学校校長）は、総合学習のテーマとして、直感的に「雪だ」とピンときたという。さっそく、雪に関する情報の窓口として（公社）雪センターに電話したところ、雪に関して適任の方が札幌にいるということで、原文宏氏（一般社団法人　北海道開発技術センター）を紹介された。

その当時、札幌市の除雪レベルは世界最高水準で、雪対策の総合計画、札幌市雪対策基本計画が策定されていた。総合的な取り組みによって街なかの道路は除排雪され、札幌市の冬期の生活環境はみるみるうちに向上していった。しかし、冬期にも関わらず夏と同じ靴を履いて出かけるなど、市民の雪に対応したライフスタイルが失われていき、それがさらなる除雪の要求レベルの引き上げにつながっていった。その結果、ますます雪対策の経費が増えて、必要な公共投資が減少するという悪循環を繰り返していた。原さんはその現状をみて、「雪問題の解決には、市民への教育を基本にしなければならない」と思っていた。それとともに、雪を厄介者としてではなく、文化としてとらえていく大切さも感じ、親子ではじめる雪中キャンプなどの北海道の雪文化を守っていく取り組みを行っていた。

新保先生が原さんに会って話をしてみると、雪のとらえ方で意気投合。雪の問題を考えるにあたって、自然と道路の除排雪につながり、その年の新保先生の雪と道路に関する授業実践につながっていった。このときの雪の授業が、現在でも続いている「北海道雪プロジェクト」の流れを生みだす一因になった。[注4]

この授業を通じて構築された原さんと新保先生の信頼関係が、その後の一連の札幌圏のモビリティ・マネジメント教育の礎となった。

渋滞対策でうまれたMM教育

99年、北海道開発局札幌開発建設部から新しい渋滞対策について北海道開発技術センターが相談を受けた。高野伸栄先生（北海道大学）の助言をもとに、オーストラリアで実施されていたトラベル・ブレンディング[注5]を参考にソフト対策を検討していくことになった。その主担当が北海道開発技術センター研究員であった谷口綾子氏（現・筑波大学）である。「アデレードの事例を参考に、住民だけでなく小学校の児童も対象としたいと原さんに言ったところ、新保先生を紹介してくれた」と谷口氏は語る。そのときから原さんは、トラベル・ブレンディングを参考にした取り組みだけではなく、新保先生との協力関係のもと学校教育のなかで道路に関するプログラムを展開していくことが頭にあった。そのときの原さんの教育に対するスタンスとして「道路や交通のシンパを増やそうとするのではなく、道路や交通を理解してもらうという視点に立って、教育の役に立つ、どこでも使える教材を提供する」、つまり、教育を手段としてではなく目的としていた。そのスタンスは最

注4　北海道雪プロジェクトは、附属教育実践総合センターと附属札幌小学校を中心として、道内教育現場や北海道教育大学有志、雪の研究者から構成されている。取り組みは、北海道雪たんけん館（http://yukipro.sap.hokkyodai.ac.jp/）に、雪に関わる情報や知識がまとめられており、総合学習のサポートを行っている。

注5　個人の自動車利用の意識啓発を目的とした交通需要マネジメントの手法の一つ。オーストラリア中心に実施されている。

初から現在まで一貫している。

また、土木計画学の分野では、藤井聡先生（京都大学）が、社会の諸問題を社会的ジレンマ構造としてとらえることによって、態度追従型計画から態度変容型計画の必要性を提起しており、注6 土木計画論のパラダイムシフトがおこっていた。そのことを研究会で知った谷口氏が99年に藤井先生を札幌に招き、社会的ジレンマに関する講演会を開催した。これによって、公共問題の処方箋として態度行動変容、とくに教育の果たす役割がきわめて重要かつ先進的であることを理論的に関係者に周知されることになった。その後、99年のTFP（Travel Feedback Program）パイロット調査で効果を確認したのち、00年に日本で初めて、北海道教育大学附属小学校で交通ダイアリー調査にもとづいたTFP、「かしこいクルマの使い方を考えるプログラム」が実施された（図1）。127名参加して、16％のCO_2の削減効果という大きな成果が得られた。その後も平岡公園小学校、日新小学校、伏見小学校、江別小学校へと教育プログラムが広がっていき、おおむね5〜15％の削減効果が確認されている。

「北の道物語」にかける思い

こうしてTFPのプログラムを拡げていくとともに、原さん

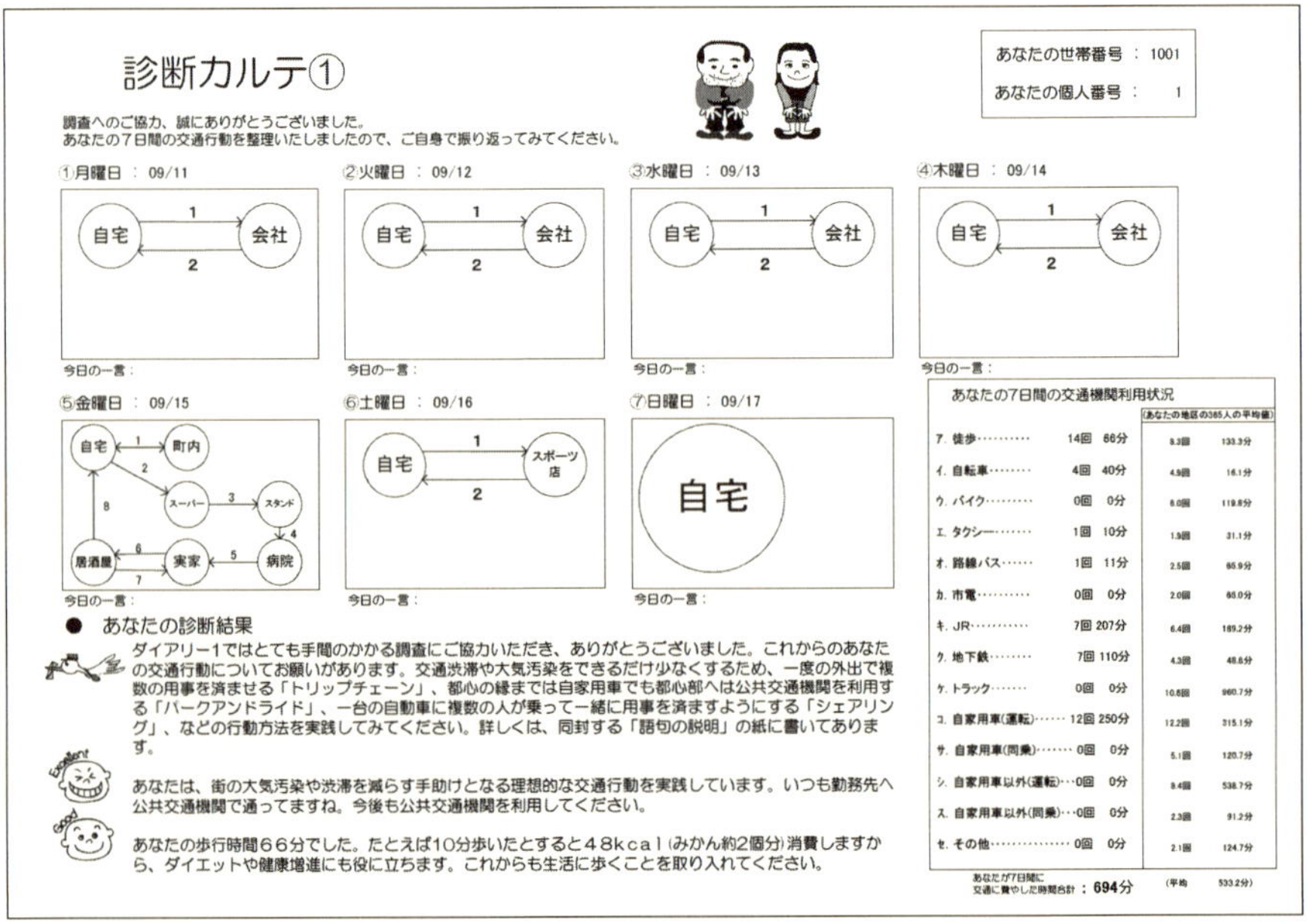

図1 「かしこいクルマの使い方を考えるプログラム」診断カルテの例

と谷口氏は**小学校との連携をより深めていく仕組みづくり**に取り組んでいった。札幌開発建設部のプロジェクトで、01年から道路事業とコミュニケーション活動懇談会（道《みち》プロ）が立ち上がり、総合学習のサポートとして道路交通に関する小学校向けの資料集の制作を始めた。道路の分野は、社会と密接に関わっているにもかかわらず、教育との結びつきを考えてこなかった。まして、学校の教科カリキュラムのなかで位置づけて、教材として使ってもらうなどまったく考えてこなかった。そこで、原さんは、小学校の先生に、「道路は社会にとって重要なものであって、その上を人とものと情報が運ばれるのが交通」ということを理解さえしてもらえればいい、そうすれば、新保先生とのこれまでの取り組みから、多くの先生が道路を教材として使いたいと思ってくれるに違いないとの確信があった。そして、多くの先生に授業として取り入れてもらうためには、最初から学習指導要領を視野において、短期間のプロジェクトとして終わらせるのではなく、継続的に検討をすすめていくことを覚悟していたという。

一方、新保先生は、従来から「民主主義の根幹は社会科が担う」との信念を持っていて、世の中の仕組みを学ぶ社会科の役割を考えていた。雪の授業を通じて、教材としての道路の面白さとともに、**公共事業の理解をしないとまちがこわれてしまう**との思いがより一層、強まっていった。これまでも上水道、下水道は、社会科のなかで取り上げられてきた。たしかに、水を飲まずに学校にくる子どもはいないが、考えてみれば、道路を使わずに学校にくる子どももいない。学校を出たら目の前に道路があり、日常的になくてはならないものであるにも関わらず、小学校のなかではまったく教えていないということに気がついて、目から鱗が落ちたそうである。道路について調べていくうちに、道路の完成を鼓笛隊を先頭に町のみんなが祝っている白黒写真を見つけた。昔は道路が舗装されれば、もう長靴をはいて通学することもないわけで、道路のありがたさを肌身で感じること

注6　詳細は、藤井聡「土木計画のための社会的行動理論─態度追従型計画から態度変容型計画へ」『土木学会論文集』№688、Ⅳ－53、19〜35頁、２００１年を参照。

ができた。しかし、今は道路が舗装されても、当たり前で、誰もありがたいとも思わないし、感謝もしない。これまで国、都道府県、市町村は、営々として便利でいい道路を作ってきたにも関わらず、誰も小学校では道路を語ってこなかった。そういう意味では、道路のありがたさが分かりにくくなった今こそ、教育で道路をとりあげていかなければならないと感じるようになっていった。

ただこんなにも道路の教材化について必要性、緊急性を感じている二人にも関わらず、動きはきわめて慎重であった。それは、新保先生は、教育界のなかでも、隠れたカリキュラム（学校の公式のカリキュラムにはない意識や行動が、意図しないままに教師から児童、生徒に教えられていくこと）として、「土木は悪い」というのが存在していると感じていた。原さんも、パブリック・リレーションズ（Public Relations）として道路をとりあげているのに、アドバタイジングとして進めていると悪意をもって解釈する人たちもいることも感じていた。このようなコミュニケーションの負の側面も知り抜いた二人だからこそ、自分の言葉の影響や立場を考えて、慎重に進めていった。

まずは新保先生が信頼できるメンバーで、よい教材づくりと授業実践の事例を蓄積することから始めた。メンバーは、新保先生が北海道社会科教育連盟[注7]に所属している教諭のなかから選んでいった。そのなかでも、道路や交通に関心があって、やる・やらないを議論するのではなく「まず、やってみよう」という意識と行動力を持ち合わせた先生に声をかけた。[注8] 10年経ってみて、このメンバーのなかから指導主事を2名輩出し、教育委員会のなかで主要な位置を占めていることからも人選の適切性が分かる。

01年から、児童にもっとも身近な公共空間である「道路」を総合学習のテーマに取り上げる副読本、『北の道物語』の検討を始めた。検討にあたっては、10名の現役小学校教諭と道路交通行政、コンサルタントの懇談会を組織し、共同執筆体制をとった。副読本のテーマは、総合的学習、社会科、

注7　北海道社会科教育連盟は、北海道の社会科教育の向上を図ることを目的とし、研究会の開催、機関誌の発行、学習会の開催などさまざまな研究活動を行っている団体。所属している教諭は、自分たちで勉強して専門性を高めようとしている人ばかりで、人とは同じ授業をしたくないという伝統を共有しているという。

注8　メンバーの上田繁成先生（当時、日新小学校）は、このプロジェクトをきっかけに道路にはまり、測量士補を自ら取得する熱の入れようであった。

表１　『北の道物語』の目次

話題	テーマ	各テーマのトピックス
第１話 道路とは	道って何だろう？	1　わが町に道が来る 2　生活を豊かにする道 3　道を極める
第２話 道路の役割	道を使ってどんなものが運ばれているの？	1　石狩鍋ができるまで 2　道を使ってどんなものが運ばれているの？ 3　道を使って移動する人 4　人々の生活を支える道
第３話 道路の舗装	道路の舗装ってどうなっているの？	1　舗装道路のはじまり 2　道路ができるまで 3　舗装の種類 4　アスファルトの道路について 5　北海道の舗装道路
第４話 維持と管理	できてしまえば安心！ 道路は心配なし？	1　道路は故障知らず！パトロールなんて必要なし？ 2　パトロールカー秘密大発見！これは何の道具？ 3　道路はいつもきれい！掃除なんかしなくても大丈夫？
第５話 道路と環境	地球にやさしい道ってどんなこと？	1　車は便利！でも、みんなが乗ったらどうなる？ 2　遅れや事故は困るけど。CO_2 が増えてもぼくのくらしは何も変わらないんだけど 3　道を変えてみよう！ 4　地球にやさしい車をつくろう！ 5　車に乗らなければいいんじゃないの？ 6　動物にやさしい道ってどんな道？
第６話 バリアフリー	みんなにやさしい道ってどんな道？	1　みんなにやさしい道って、どんな道だろう？ 2　みんなにやさしい道って、難しい!? 3　わたしたちにもできる、やさしい道づくり
第７話 冬と除雪	いつでも使える道	1　札幌の冬の道はどうなっているの？ 2　こんなに雪が降って、道路は大丈夫なの？ 3　除雪車は、どんなことをしているの？ 4　雪なんて春になればとけるんだから、ほおっておけばいいのに？ 5　雪と共にくらす未来
第８話 交通安全	安全で安心な道路って？	1　夏の道路は安全なはず 2　冬の道路は安全なの？ 3　僕たちの住んでいる町は安全なの？
第９話 道路と防災	災害に強い道路って？	1　通行止めになる災害って？ 2　災害から道路を守るために 3　道路を災害から守る人たち 4　自分たちにもできること、気をつけること
第 10 話 未来の道路	未来の道はどうなるの？	1　今の道路はこんな研究のおかげ 2　次々と導入される新技術 3　こんなこと考えています

理科等の授業で実際に使用することを想定して、道路・交通に関する10テーマを設定した（表1）。たとえば、「道ってなんだろう？」「道を使ってどんなものが運ばれているの？」など、道路という身近な社会基盤を取り上げていることから、どのような地域でも取り扱うことができる内容になっている。

02年から副読本の執筆をはじめて、メンバーの教諭が授業の実践をしながら、結果を副読本に反映し、現場の教諭が使いやすい冊子に改良していった。ついに、03年に副読本の第一版が完成（図2）。より多くの教諭に副読本を活用してもらうために、副読本にあわせて、映像資料と教諭用指導書を制作、04年には研修会やフォーラムを実施し、道・まち・公共をテーマにした模擬授業をするなど普及につとめてきた。06年には北海道社会科教育研究大会で『北の道物語』の活用例を紹介していることからも分かるように、現場の小学校教諭自らが率先して普及に努めているのが特徴である。その結果、21本の道路に関わる授業が実践され、89校、9千566名の児童・教諭に副読本が配布された。

このような大きな成果をあげた副読本『北の道物語』の陰には原さんをはじめとした北海道開発技術センターの支えがあった。**小学校教諭と気軽になんでも相談できる関係を構築**し、型どおりのサポートではなく、日々の小さな疑問をすぐに確認できる、まさにコンサルタントとして機能していた。こうした応答のよさが、教諭のやる気をますます引き出し、専門的な道路の知識と経験に裏づけられた、卓越した道路に関する教材を生みだしたと言える。

図2「北の道物語—道のひみつ大発見!」

札幌らしい交通環境学習

札幌市内の渋滞緩和を目的とした場合、近隣市町からの自動車の流入抑制を検討する必要がある。そこで、渋滞対策として始められたＴＦＰを活用した学校ＭＭは、北海道開発局だけではなく札幌都市圏の組織、団体と連携をしながら、より広域な取り組みのなかで位置づけられていった。07年に、北海道開発局札幌開発建設部、北海道開発技術センターが事務局となって、環境省北海道地方環境事務所、北海道運輸局、札幌市、江別市、小樽市、当別町、北海道社会科教育連盟などから構成される協議会を起ち上げた。その協議会の活動の一環として、学校ＭＭを実施していくことになる。「かしこい自動車の使い方を考えるプログラム」は参加校を拡大して、着実な実績を積み上げていった。

一方、道プロのほうは、公共事業の削減やガソリン国会[注9]のあおりを受けて、行政が財政的に厳しいなか、北海道開発技術センターの自主事業として、継続されていった。道プロとしては、この頃がもっとも財政的にも厳しい時期であったという。

09年から札幌市では「札幌らしい特色ある学校教育」として、北国札幌らしさを学ぶ〈雪〉、未来の札幌を見つめる〈環境〉、生涯にわたる学びの基礎〈読書〉を掲げ、重点的に札幌らしい学習を進めていく気運が高まっていった。そこで、11年に交通エコロジー・モビリティ財団の助成を受けて、「札幌らしい交通環境学習の展開」プロジェクトがスタートした。この背景には、これまでの札幌市内の学校ＭＭの効果検証と道プロの授業実践の蓄積があることは言うまでもない。

このプロジェクトは、次の五つの目標を掲げている。

・学習指導要領と連動した学習プログラムの開発（教諭を主体とするワーキンググループを設置

注9　道路特定財源のためのガソリン税や自動車車両税の暫定税率に関する審議が行われた第169回国会の通称。

し、学習プログラムを検討）
・1年生〜6年生まで各学年におけるMM教育の実施（研究授業の蓄積）
・教諭が主体となった授業の実施
・札幌市内小学校へのMM教育の広がり（教諭に配布される指導書への掲載、教諭を対象としたフォーラム等の開催、WEBプラットフォームによる情報提供）
・関係団体等の連携体制の構築（協働体制の構築、WEBプラットフォームによる情報共有）

これらの目標を見れば分かるように、原さんと新保先生が当初から取り組んできたスタンスがそのまま反映されている。

11年度から、社会科と総合学習において、7校で研究授業が実践され、実施学年も3年生から6年生と幅広い。プロジェクト期間の3年間で12本の授業が開発され、実践的な大きな成果をあげた。これらの成果を受けて、3年生社会科の副読本に載せることも検討されており、札幌市におけるモビリティ・マネジメント教育の基盤が整いつつあると言えよう。

これからのモビリティ・マネジメント教育の展開にむけて

これまで紹介したように、札幌市におけるモビリティ・マネジメント教育の取り組みは、小学校教諭、専門家、行政が連携した組織の仕組みのもと、現場の教諭が教材開発を行い、それを専門家が知識面、財政面で支えるといった、理想的な活動を展開してきた。このような、よい学習プログラムを作り、拡げていくためには推進母体となる組織が必要である。札幌では、幸いにも現場の教師から教材開発、実践について多大な協力を得ることができているため、小学校教諭、専門家、行政が連携した組織を作ることができている。どこでも最初からこのような組織を作ることは困難であろう。まずは、行政や交通事業者が行っている出前授業をブラッシュアップすることから始めてみよう。具体的には、授業で使っているパワーポイントの語句は分かりにくくないか、授業のまとめになるワークシート（図３）を作成しているかなど、授業をうける児童の観点から考えてみる。もし、道路や鉄道など社会基盤施設についての教材、学習プログラムが教育の現場で必要とされているならば、この機をとらえて、専門家の協力のもと、現場の教諭からアドバイスをもらいながら、作り上げていこう。こうした組織を行政や交通事業者が財政面で支える形もあれば、民間企業が資金を提供して、公益財団のような別組織を設立し、そこが担っていく形もあるかもしれない。いずれにしても、地域の実態に応じて、**行政、民間企業、バス事業などが入った、地元で継続していくための組織作り**を、教材開発、授業実践と平行してすすめていく必要がある。[注10] 問題は誰が組織作りを推進していくのかであるが、原さんの言葉を借りれば、「製造物責任」、やりだしたものが責任を負ってすすめていく覚悟が必要と言える。対策をハードとソフトと分けたとき、一般的には、ハードは長期でソフトは短期、という暗黙の了解がある。しかし、このモビリティ・マネジメント教育に限っては、ソフトであっても長期的に続けてこそ意味を持つ。取り組み自体は、社会経済状況に応じ

注10　札幌の取り組みでは、教育と社会資本整備を連携させる組織としてＮＰＯ「地域と教育を元気するフォーラム」を準備している。

図３　授業のワークシートの例

６年［　　］組　［　　］班　名前［　　　　　　　］

1．次の空らんをうめよう。

（1）クルマの交通問題は、[1]［　　　　　　］といわれています。

（2）クルマの交通問題は、[2]［　　　　　］、[3]［　　　　　］、[4]［　　　　　］、[5]［　　　　　］などがあります。

（3）これらの問題をかい決するためには、

[6]［　　　　　　　　　　　　］と

[7]［　　　　　　　　　　　　］

の２つの方法があります。

（4）そのためには、[8]［　　　　　］や[9]［　　　　　］を大切に思う気持ちが大切です。

2．　あなたはどんな川西市にしていきたいですか？

て、盛んになったり、下火になったりするかもしれない。しかし、下火になったとしても続けること自体に意味がある。原さんいわく「本当にたいへんな時代を生き残ったら、結構やれるぞ」。この言葉にあるように、続けているうちに同じ信念を共有できるメンバーが揃うときがある。そうしたときに、活動を一気に進めることができる。道プロのあと、北海道開発技術センターの自主事業として財政面で支えてきた厳しい時期を乗り越えてきたからこそ、「札幌らしい交通環境学習の展開」プロジェクトがある。

また、一連の活動の原点は、教育とより社会を結びつけて考えるプロフェッショナルの二人が出会ったことにある。新保先生は

「外部講師に授業を丸投げするのは、バスの運転手さんが乗客に『あなた運転がうまそうだから、運転やってくれよ』というようなものでしょ。いくら俺よりも運転がうまそうな人が乗っていても、意地でも自分で運転するよ」と言う。

このプロ意識が、児童の興味を引きつけ、児童との応答を通じて深い学びにいたる、素晴らしい教材を生みだした。たしかに外部講師が来ると子どもたちはその瞬間は珍しいので、授業に食いついているよう見える。しかし、その授業後に担任の教諭が、これまで学んできた教科学習や総合学習での位置づけをなさなければ、児童に学びは定着しない。原さんにしても「小学校の先生が関心さえ持てれば、なんでも教材にできる」という小学校教諭の教育スキルと態度に対する信頼が根本にある。また、新保先生と出会ったときに、教育基本法と学習指導要領を勉強し、その教育に対する態度は終始一貫している。こうしたスタンスを教師とそれをサポートする専門家の間で共有していることが、長く続く秘訣といえよう。

雪の授業で原さんと新保先生が出会い、社会的ジレンマの理論で藤井先生と原さん・谷口氏が出

会い、札幌でのＭＭ教育の実践で新保先生と谷口氏が出会った。これ以外にも数多くの出会いがあったろう。このような一見奇跡的とも思える多くの出会いによって今の札幌のＭＭ教育がある。しかし奇跡ではないことは、原さんと新保先生の「求めることがある人は、必ず出会う」という言葉からも分かる。まずは、よりよい社会を求めて、行動していくことから始めてみよう。そうすれば、その思いの重さに釣り合った人に出会っていくに違いない。

秦野市交通スリム化教育　―交通部署と教育部署の連携

次に取り上げるのは、04年度から学校ＭＭに取り組む秦野市の事例である。秦野市は神奈川県中部に位置する人口約16万８千人（15年現在）のまちで、国道246号と東名高速道路が通り、鉄道は小田急線の４駅、路線バス網は市内を中心に整備されている。

秦野市の学校ＭＭは、交通需要マネジメント（ＴＤＭ　Transportation Demand Management）の一環として始まり、当初は「ＴＤＭ教育」、現在は「交通スリム化教育」と呼称されている。対象は小学校５年生、社会科あるいは総合的な学習の時間を２コマ使う授業を毎年２～３校ずつ輪番で実施し、現在は市立小学校13校全てで２巡目以上実施済みである。授業の内容は、藤井・谷口[注11]や唐木・藤井[注12]に詳しいが、自動車のメリット・デメリットを子どもたちに考えさせたうえで焦点を自動車の環境負荷に絞り、利便性と環境負荷を両軸とした葛藤体験をへて、市内の車移動を公共交通や徒歩による移動に転換する行動プランを策定し、その成果を発表し合うというものである。使用する教材としては全校共通のパワーポイント、模造紙などが準備されており、バス時刻表などは各小学校用にカスタマイズされている。

注11　藤井聡、谷口綾子『モビリティ・マネジメント入門 ―「人と社会」を中心に据えた新しい交通戦略』学芸出版社、２００８年

注12　唐木清志、藤井聡編著『モビリティ・マネジメント教育』東洋館出版社、２０１１年

秦野市の学校MMの特徴は、教育委員会や学校教員などの教育部署と、公共交通推進に携わる交通部署が緊密に連携し、現在は市の単費で毎年授業を行っていることである。本節では、このような仕組みを構築できた経緯とポイントについて述べることとしたい。

学校MMに取り組んだきっかけと経緯

①社会的課題と建設省の交通需要マネジメント（TDM）計画　04年当時、秦野市都市計画課が抱えていた社会的課題は交通渋滞であった。東京と静岡をつなぐ幹線、国道246号は大型車混入率が高く、朝夕の交通渋滞が慢性化していたのである。しかし一方で、将来交通需要予測から、インフラ整備だけでは対処できないことが明らかになった。そこで、(旧)建設省のTDM実験の補助金を獲得し、秦野市TDM実施計画を策定するべく当時東京海洋大学教授であった髙橋洋二先生を座長に関係者で構成される検討会が開催された。当時、TDM実施計画の業務委託を受けた日本能率協会総合研究所の平石氏はこう語る。「座長の髙橋洋二先生等含めて、検討会委員、コンサルタントなどからの幅広な提案を受けつつ、地域にあった意欲的な取り組みを採用する機運が当時の検討会にあった」。

②TDM実施計画への学校教育の位置づけ　平石氏は当時TDM関連の共著の書籍を書き終えたところで[注13]、各地の先進事例に詳しかったことから、札幌の学校MM『北の道物語』の例を第三回作業部会（04年10月8日）にて示した。もともとは企業を介して社会人に対する教育を行いたいという思いがあり、その資料に「社会人・高校生・小学生」と並列に書いて提示したところ、企業（社会人）を対象にするよりも、市の内部で動く、つまり小学生を対象としたほうがやりやすいという意見が出たそうである。

注13　交通工学研究会『成功するパークアンドライド失敗するパークアンドライド―マーケティングの視点から考える』交通工学研究会、2002年、および、交通工学研究会・TDM研究会『渋滞緩和の知恵袋―TDMモデル都市・ベストプラクティス集』交通工学研究会、2002年

この提案が採用され、秦野市ＴＤＭ検討会による提言のなかで具体的に挙げられた11の施策（図4）の一つとして、ＴＤＭ教育が「小学校などを対象に、車だけに依存しすぎない移動方法などについて体験作業も交え学習する」と掲げられたのである。

04年度末（05年3月）には、札幌の事例で講師を務めた研究者（谷口綾子）によるテスト授業（プレ授業）が堀川小学校で行われ、その授業構成を基本として秦野の実情を踏まえた教材・内容を創りあげていくこととなった。

③その後の展開　続く05年度は、三つの小学校においてＴＤＭ教育の授業を実施した。当時、秦野市教育委員会指導室の環境教育担当指導主事であった高木氏は、04年度末に実施された授業を聴講した感想をこう語る。「身近な交通行動のことが素材であり、5年生社会科の自動車工業学習の一環として扱うことができ、環境や福祉の学習とも関係づけられる、おもしろいと思った」。こうして、05年度は高木氏がさまざまな工夫を凝らした授業を行い、ゲスト講師として研究者である谷口綾子が参加する形が取られた。その後、06年から教頭とゲスト講師という形で進められ、08年頃からは出前授業という色彩が消え去り、学校主体で実施するという雰囲気が色濃くなってきた。校長会からも「おもしろい」と認められるようになったのである。

10年度より、公共交通推進課の保坂課長の提案で、夏休みに教員対象の講習会を開催することとなった。輪番の小学校に加え、興味のある小

図4　秦野市ＴＤＭ実施計画で推進する11の施策

学校の5年担任教諭が参加する形が現在まで続けられている。現在は、「輪番でなくとも毎年実施する」と自主的に手を挙げる小学校もあり、教諭が「やらされている」感はなく、「やるべきものだ」という意識が醸成されているとのことである。

秦野式ＭＭ教育のポイント

秦野市における学校ＭＭが10年間にわたり継続し、学校現場にも定着しつつある現状について、そのポイントを以下に挙げる。

①上位計画への位置づけ　前出の「社会的課題と建設省の交通需要マネジメント（ＴＤＭ）計画」に述べたように、秦野市では学校ＭＭが「秦野市ＴＤＭ実施計画」に推進すべき施策の一つとして明記されている。公共交通推進課長の保坂氏によると、「市の総合計画でも交通スリム化を推進すると謳っており、これらの上位計画に沿って粛々とＴＤＭ教育をすすめている」とのことである。前述の平石氏も、「ＴＤＭ実施計画の進行案として、初年度（04年度）はプレ調査（実験）、次年度は拡大実験、3年度目以降を定着実験と位置づけていた」と語る。このように学校ＭＭが上位計画に位置づけられていたからこそ、ブレることなくプロジェクトを推進できていると言えよう。

ＴＤＭ実施計画策定後の5年間（05年度～09年度）、プロジェクトの予算は国の補助金から捻出された。国の補助金は、日々の業務に忙殺され、新たな取り組みを始める余裕が少ない自治体の重い腰を上げるために重要な役割を果たしている。

国からの補助期間を終えた後、秦野市では市の単費で学校ＭＭを外部委託し推進している。このような予算措置が可能となっているのも、学校ＭＭが秦野市ＴＤＭ実施計画に定められた事項であり、予算要求も比較的行いやすいということが影響していると言えよう。

②教育行政との連携　もう一つ重要なポイントは、秦野市における教育部署と交通部署の良好な関係性と積極的な連携が実現していることである。

当時の秦野市都市計画課ＴＤＭ担当であった浜野氏は、検討会作業部会における学校ＭＭの事例紹介を受け、指導主事（当時）の高木氏との調整を開始する。浜野氏は国の里地里山事業という部局横断的な事業を推進する際、教育委員会の高木氏と顔見知りになっておりフレンドリーに話のできる関係があったのである。ちなみに交通部署担当である浜野氏・保坂氏ともに、中学と高校の社会科の教員免許を有しており、学校ＭＭへの心理的ハードルが低かったこともポジティブに作用したかもしれない。

浜野氏からの打診を受けた高木氏は、「プレ授業だからとにかくやってみよう」ということで教育部署における調整、すなわち教育委員会や校長会、小学校との具体的な調整をすすめた。高木氏はこう語る。「小学校などと段取りをつけるにあたり、最初は浜野さん、保坂さんなど交通系の担当者と一緒に説明に行った。もともと、市が推進することが決まっている環境教育の一環として行っていたので、部長や教育長の決裁をあおぐことはなかったが、５名の教育委員により構成される秦野市教育委員会会議での報告は行った。具体的には、校長会の会長に『教育委員会も関わっている都市計画のこういう話があるので、できたら今年2～3校で実施したい。校長会で提案させてくださ い』と頼んだ。校長会という土俵の上に持っていくこと自体はとくにたいへんなことではない。むしろ教育委員会がのってくるかどうかのところが一番たいへんで、自分が教育委員会指導室の環境教育担当だったことはいいタイミングであったし、提案しやすい面はあった」。

浜野氏は、キーパーソンとなった高木氏の重要性をこう語っている。「高木先生に面倒くさいからやめたい、と言われたらそれで終わりになる話だったと思う。04年度末のプレ授業を高木先生に来て見てもらって、『これは行けるかも』と思われたのは間違いないと思う。今、この授業を推進するのはパラダイムシフトになると思ったのではないか」。

学校教育現場との連携のコツについて、高木氏はこうアドバイスする。「まず、今の学校の現状を知ってもらいたかった。学校現場は今、学習内容も増え、年間に行うさまざまな行事もあり、多忙感に覆われている。新しい取り組みに価値があると認めたとしても、それを実践するために新たに教材研究をしたり、授業時間を確保するために指導計画を調整したり、と学校が抱く負担感は大きく、そのためどうしても消極的になってしまう。そのような現状を知る教育委員会としては、新しい○○教育の現場への提案については、なるべく依頼を断りたいのが本音である。それを打開するためには、すべて学校側に丸投げするのではなく、一定のカリキュラム準備をお膳立てすることが必要と考えた。たとえば社会科の先生に声をかけ、『先生方には負担をかけません、総合的学習の時間の環境の単元、社会科の自動車工業の単元でやりましょう。また、実際の学習指導は私たちがやります』。つまり、教育現場の負担をできるだけ減らすことにより、受け入れられる可能性を高めたわけである。もう一つ有効だと思われるのは、モデル授業を見てもらう機会を提供すること。「なぜやるのか」「その学習で何を学ぶのか」というＴＤＭ教育の価値を先生方に知ってもらうことが大切だと思う。

ただし、これら二点をクリアすべくがんばっても、その後の一般化（広めること）がたいへんなのもまた事実である。秦野市では担当課の努力もあり、上手く広げることができた。たとえば、10年から始まった夏休みの教員対象講習会は、失礼ながら私は教員が「やらされ感」満々で来るのではないかと思っていたが、実際は皆一生懸命受講していて驚いた。また、秦野市の小学校教員は職場の異動は市内に限られることから、かつて所属した小学校でＴＤＭ授業を担当した教諭が、異動先の小学校で積極的に授業をするということもあったことも幸いだった。こういう地道な活動を何年も続けたことが、秦野市に根づいた背景であると思う」。

③交通行政から教育行政へ：プロジェクト主体の段階的変化　秦野市では、将来的に各小学校単独で授業を行うことを目指し、学校MMの主体を段階的に教育現場に移行している。表2は授業コンテンツごとの実施者の推移である。当初はゲスト講師中心の授業であったが、指導主事、教頭、担任の教諭と段階的に小学校主体で授業が実施されるようになってきたのである。なお、「担任」と単独で記載しているが担任一人ですべて準備・講義するわけではなく、資料作成・授業には交通部署の市職員と市の委託を受けたコンサルタントが必ず参加している。

このような主体の変化について、高木氏はこのように語っている。

「最初にプレ授業を見て内容はおもしろいと思ったが、子どもへの伝え方が分かりにくかったり、展開に無理があったりして改善の余地を感じたことから、いろいろ忌憚のない意見を言わせてもらったことを覚えている。05年度には、ゲスト講師に『高木の授業を見てみたい』と言われ、指導主事であった私自身が授業を行い、そこではゲスト講師を専門家（博士）として紹介する形をとった。当時の私は、今後もこの『指導主事＋ゲスト講師』が各小学校で講義する形でよいのではと思っていた。もしゲスト講師の参加がむずかしければ代わりに交通部署の市職員に参加してもらうこともでき、飛び込み参加である指導主事の授業は児童にとっても新鮮みがあるからである。

翌年、07年度4月に私が小学校の教頭に異動し、偶然ではあるがその小学校がその年のTDM授業の実践校だった。私の後任指導主事の杉山氏は、指導主事を授業に絡ませ

表2　授業実践者の推移

授業コンテンツ	2004年度 プレ授業	2005年度	2006～2008年度	2009年度	2010～2011年度	2012年度～
開始・司会	担任等	担任等	担任等	担任等	担任等	担任等
座学の講義	ゲスト講師	指導主事 ゲスト講師	教頭 ゲスト講師	担任 ゲスト講師	担任 指導主事	担任
行動プラン作成作業	ゲスト講師	指導主事	教頭	担任	担任	担任
行動プランの講評	ゲスト講師	ゲスト講師	ゲスト講師	市職員 コンサル	担任	担任

（秦野市都市部公共交通推進課2014年9月18日講演資料、高木氏へのインタビュー調査より筆者が作成）

ず、小学校内部で完結して授業をできるようにしたいという企画を持っていた。そこで私が教頭の立場でゲスト講師と授業するスタイルを取ることになり、これがその後しばらく各小学校で教頭が授業をするという慣例になったようだ。

08年度に教育指導課（指導室改名）の課長として再び教育委員会に戻ることになり、指導主事であった古木氏と一緒に再びこの授業に取り組むことになった。前述したようにこの頃よりこの学習の価値がかなり学校に広がったことから、08年くらいからは出前授業という色彩が消え去り、学校自身でやるという雰囲気になっていった。さらに10年度からは、担任主体での授業を目指す保坂課長のプランで、夏休みに教員対象の講習会を開催することになった。私もその講師をしたが、担任の教員が主体的に関わるきっかけになっており、有効に機能していると思う」。

学校MMが有効に機能するには教員の主体的参加が不可欠であるが、秦野市では複数の教育関係者、交通部署担当者の意見を取り入れつつ、段階的に、学校MMを根づかせてきたのである。

④洗練された教材のパッケージ化　最後に、もっとも重要なポイントは、児童の興味を引きつけ、教員にとっても魅力的な教材の作成であろう。秦野市の学校MMでは、都市交通の専門家と教育の専門家が意見を交わしつつ、新たな工夫を盛り込んで教材を創りあげており、座学の講義＋行動プラン策定作業という基本軸は維持しつつも、少しずつよりよい形に変えてきた経緯がある。たとえば、04年度のプレ授業の後、対象校5年担任と指導主事高木氏、コンサルタントの平石氏を交えた反省会では、担任教諭より「ボリュームが多すぎる」「運転をしない子どもたちは当事者じゃない。なのにこの内容を教えて良いのか？」「この授業に何の意味があるのか？」など、きびしい評価を受けている。そこで次の年、指導主事であった高木氏が、プレ授業時の教材を児童が身を乗り出すような良質な教材にアレンジした。[注14] また、その次の年度はゲスト講師が高木氏に「子どもたちにジレ

注14　谷口綾子、平石浩之、藤井聡「学校教育モビリティ・マネジメントにおける簡易プログラム構築に向けた実証的研究―秦野市TDM推進計画における取り組み」『土木計画学研究・論文集』23巻、163～170頁、2006年

注15　谷口綾子、浅見知秀「交通問題をテーマとした学校教育プログラムにおける『葛藤』の効果」『第43回都市計画論文集』775～780頁、2008年

ンマを、葛藤を感じさせる内容を追加したい」と依頼し、「環境負荷低減」と「生活の利便性確保」を両端に置き、その中間点を段階的に追加していく授業を高木氏が提案・実践している。[注15] その後、ゲスト講師が「健康」の動機づけ（クルマにばかり乗っていると歩行量が少なくなり、不健康になる）を取り込み、[注16] クイズ形式に改訂する、13年にはガリバーマップを活用した授業を試行するなど、年々よりよいものにする努力を続けているのである。

教材と授業のコンテンツの質向上の工夫として、以下の五つが挙げられる。

・対象学年の限定と標準化：秦野市では対象学年を5年生にしぼり、標準的授業内容（座学の講義＋行動プラン策定作業）を規定している。これにより、「5年生の2学期、自動車工業の単元のあとに交通スリム化教育がある」と小学校の現場教員に認識してもらうことに成功した。

・小学校の立地に即した資料を個別に提供：座学の講義に用いるパワーポイント資料や行動プランを記入するワークシートは全校共通のものであるが、行動プラン策定に用いる路線図や所要時間・運賃表は小学校最寄りのバス停から、その小学校の児童に身近な行き先を想定して作成し、カスタマイズして提供している。これらは、児童が自らの移動を真剣に考え、実践につなげる一助となろう。

・模範となる授業のDVDを当該年度の実施小学校に提供：授業イメージをつかんでもらうため、模範となる授業のDVDを実施小学校の5年生担任に提供している。このDVDを事前に見てもらうことで、夏の教員向け講習会もスムーズに進めることができている。

・夏の教員向け講習会：10年度より、当該年度の実施小学校5年生担任

注16 糟谷賢一、谷口綾子、石田東生「交通環境教育への健康問題追加による影響分析」『土木学会論文集H』3巻、12～21頁、2011年

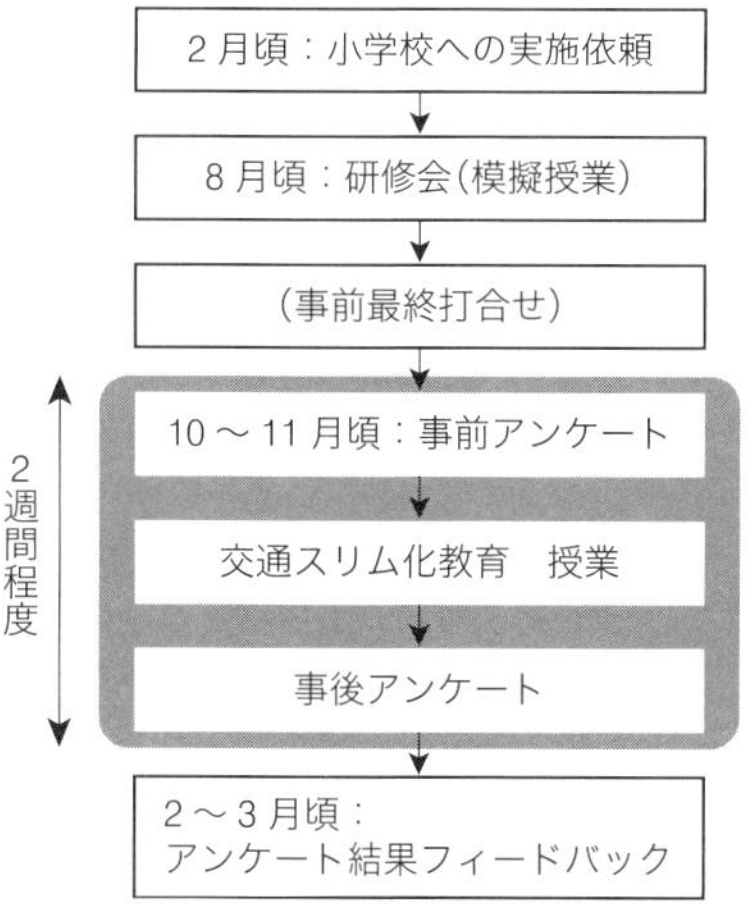

※事前アンケートは授業1週間前、事後は1週間後

図5 秦野市交通スリム化教育・年間の流れ（秦野市都市公共交通推進課資料を筆者が改変）

と、希望校の教員を対象とした講習会を8月に開催している。14年度は輪番の学校が3校、自主的に手を挙げた学校4校の計7校が講習会に参加している。

・実施小学校とのスケジュール調整：各小学校の年間スケジュールとの調整も重要となっており、これは公共交通推進課が管理し、現在は図5のような形で標準化され進められている。

今後の展望

以上述べたように、秦野市では10年にわたり学校MMに取り組んできた結果、着実に学校現場に根づいてきている。すべての小学校で自発的に毎年学校MMが実施される状況も、夢物語ではないかもしれないと思われる。

市役所としての取り組み姿勢も、この10年で変わってきている。たとえば、当初、TDM実施計画の担当部署は都市計画課交通企画班であったのが、現在は公共交通推進課となっている。公共交通の推進につながるこの取り組みの重要性が広く認識され、市役所組織の改変につながったと言えるかもしれない。実際、保坂氏は「交通スリム化教育は、続けているうちに評価されるようになった」と語っている。教育部署での評価について、高木氏はこう語る。「交通スリム化教育は、教育委員会の行政評価にて外部審査員よりA評価をもらっている。また自主的に授業をすると手を挙げている小学校が4校もあることは、教育現場からも支持されているのだと思う」。

行政組織のなかの交通部署と教育部署の連携事例として、秦野市の事例は他都市にも応用できるさまざまな示唆を含んでいると思われる。

〈コラム〉モビリティ・マネジメントに係る人材育成の取り組み

一般財団法人計量計画研究所（以下、ＩＢＳ）は２０１４年に創立50周年を迎える都市交通、地域交通のシンクタンクである。〝科学的計画〟を担うユニークな研究機関として発足して以来、都市交通計画、都市計画、経済等の政策分野において、先駆的調査研究、政策立案の支援に携わってきた財団法人である。

ＩＢＳでは、地域の交通政策担当者に技術的知識を習得していただくことを目的として、08年から毎年モビリティ・マネジメントに関する技術講習会を開催しており、14年までに７回の開催実績を誇る。技術講習会は２日間にわたり開催され、国および地方公共団体、交通事業者等の方を対象に、ＭＭの理念、ＭＭの基礎的な技術手法（ＭＭグッズの作成、コミュニケーション・アンケートの作成、ＭＭの効果計測等）、行政や民間事業者の先進的な事例研究、体験ワークショップ等のカリキュラムで構成されている。ＭＭエキスパートの講師陣たちによる講習は毎年好評を得ており、わが国のモビリティ・マネジメントの人材育成の重要なプラットフォームを担っている。

図　MM 技術講習会での体験ワークショップの様子

第5章 「道路の混雑」をなんとかしたい（TDMとしてのMM）

道路混雑の問題点

道路混雑、いわゆる「渋滞」は、全国各地で毎日発生している。渋滞はさまざまな問題を引き起こしている。渋滞にはまってしまえば、貴重な時間を損失し、その損失時間は年間33・1億人・時間（国民1人あたり約1日を渋滞で損失している）と推計されている。[注1]

このような渋滞問題に対し、これまでにさまざまな対策が取られてきた。たとえばバイパス道路を整備し、道路の処理能力を高めたり、環状道路を整備し通過する交通を迂回させるようにするハード整備や、自動車から他の交通手段に乗り換えられるようにするため、鉄道や新交通システムの整備がなされてきた。しかしながらこのような交通インフラの整備は計画から実現にいたるまで長い時間を要する。そのためわが国では1990年頃より、自動車利用の抑制やピークの分散を図るTDM（交通需要マネジメント）施策の展開が図られてきた。TDMでは、たとえばピーク時間帯を避ける「時差出勤」や「フレックスタイム制度」の導入や、公共交通への転換を促進するため、駅に駐車場を整備し鉄道やバス等へ乗り換えをしやすくする「パーク・アンド・ライド」や、公共

注1　『2007年度 国土交通白書』を参照。

交通のサービス水準を向上させる「バスレーン」の導入や、バスの位置情報を提供する「バスロケーションシステム」等が展開された。TDMは環境整備にあまり時間を要しないことや、事業費が比較的安価であったこともあり、全国各地で導入され、一定の成果を挙げてきた。

しかしながら、全国各地でいまだ交通渋滞は発生し続けている、そして道路利用者として多くの人が「被害者」として「被害」を受けている。一方で、道路利用者（ドライバー）としての渋滞の「被害者」は、「加害者」にもなる。渋滞を回避しようとして生活道路などの裏道に入れば、通学している子どもたちなど地域の住民の方々を危険にさらしてしまう。渋滞している道路では、「被害者」として通行している自動車も渋滞を編成する自動車の1台である。1分1秒を争う救急車が苦労して通行しているのを邪魔しているのも、多くの学生や通勤者を乗せたバスが遅れてしまうのも、「被害者」として通行している自動車が加担しているのである。

こうした交通渋滞は、まちや交通のかたちにも影響している。昨今中心市街地の衰退が問題となっているが、その背景の一つには、中心市街地の道路混雑を敬遠し、人々が渋滞しない郊外のショッピングセンターへ行くようになってしまったことも原因として考えられる。また、近年は全国各地でバス利用者の減少、そして路線の維持が問題となっている。筆者はさまざまなプロジェクトで地域の方々に対し路線バスに対するイメージを尋ねているが、「時間どおりに来ない」「遅れる」「定時性に不安」といった、渋滞に起因するネガティブなイメージが人々に定着してしまっている。すなわち、「クルマ社会の進展」は交通渋滞をはじめとしたさまざまな交通問題をもたらし、市民の生活を脅かし、そしてまちや交通の形を変えてしまったのである。加えて、その加害者である道路利用者一人一人が、自身を「加害者」として認識していないという問題も大きい。

こうした背景のもと、国土交通省等の道路行政のみならず地方自治体、警察、公共交通事業者、さらには民間の団体も参画し、「道路混雑問題の緩和」という目標に向けて連携して「かしこいクルマの使い方」を促すMMに取り組み、成果を挙げる地域も見られるようになってきた。本章では、「道路混雑緩和」という目標に、さまざまな機関・主体が一体となって取り組み、そして成果を挙げてきた福山と松江の事例を紹介する。

国や自治体、民間事業者がタッグを組んで推進した福山都市圏のMM

さて、こうした道路混雑に対し、それを「緩和する」という目的に対し、道路行政のみならず、さまざまな主体が連携してMMに取り組み、実を結んだ都市がある。その一つが広島県・福山都市圏である。

MM取り組み開始にいたるまで

福山市は広島県の東に位置し、県内では広島市に次いで人口が2番目に多く、人口約46万人の都市である。高度経済成長期に行った大規模な製鉄工場や電子産業工場の誘致をきっかけに、企業城下町として発展した経緯を持つ。そのため、臨海部を中心に大規模事業所が多く、備後地方の中枢的な就業拠点となっており、通勤時間帯には都市中心部や臨海部の工業地帯へ向かう主要幹線を中心に渋滞が頻繁に発生していた。

福山市では、国土交通省、地元自治体、警察等の関係者により検討された「福山都市圏交通円滑化総合計画」が04年3月に策定された。この「福山都市圏交通円滑化総合計画」[注2]（以下円滑化計画）をきっかけに、福山都市圏のMMに対する取り組みは転換点を迎えた。

注2 「福山都市圏交通円滑化総合計画」については、ベスト運動オフィシャルサイトを参照。
http://www.cgr.mlit.go.jp/fukuyama/enkatsu/keikaku/index.html

ＭＭ開始のきっかけとなる、有識者の提案

円滑化計画は、交通容量拡大策からなるハード的施策と交通容量マネジメントおよび、交通需要マネジメントからなるソフト的施策により構成されていた。ＭＭは後にこの計画に位置づけられることになるのであるが、ＭＭを提案したのは、この計画策定の段階から取りまとめ、アドバイザーとして携わっていた学識経験者であった。当時はまだＭＭの概念が確立されつつある段階であったが、その基本技術等は研究段階に入っており、学識経験者は研究会等でＭＭに触れていくなかで、その「有効性を強く確信していた」という。そして、福山の交通問題に関わる機会を得た際、「行動変容（ＭＭ）をぜひやりたいのですが、協力していただけませんか」と提案をしたところ、承諾を受け、実施へとつながることとなった。そして、後にＭＭは円滑化計画のソフト対策に位置づけられることとなった。

福山市の交通渋滞対策体制は、福山都市圏交通円滑化総合計画推進委員会（以下推進委員会）のもと、公共交通対策部会、自動車交通対策部会が設置され、自動車交通対策部会には有識者や国土交通省や広島県・福山市等の道路行政関係者や学識経験者だけでなく、福山市内に工場を構える民間企業の幹部が含まれていた。また、公共交通部会には、交通事業者から構成される協会や警察署など多様な主体が含まれていた。携わった学識経験者は検討組織のメンバー構成について、「企業城下町という背景をもつ福山市では、取り組みを進めていくうえで、民間企業の幹部の方が首を縦に振ってくれることが重要なポイント」だったと述べていた。

ＭＭの可能性が確信へと変わったノーマイカーデーでのＭＭ

福山市での最初の道路混雑緩和のためのＭＭの取り組みは、03年に実施された「ノーマイカーデー」であった。これは国土交通省が事業の主体となり、市や他の機関と連携しながら、地元の専門家（コンサルタント）の参画も得ながら展開された。この取り組みは、「公共交通に乗り換えるだけでなく、相乗りや時差出勤など、どのような取り組みでも良いので、できることをしてもらう」というコンセプトで行われた。その際、学識経験者の提案で、「ワンショットＴＦＰ注3（Travel Feedback Program）」の要素を取り入れたアンケートが展開された。ノーマイカーデーでＭＭを援用する取り組みは、行政機関、学識経験者、コンサルタント、そして参加する民間事業所の皆が協力してかなり力を入れて展開された。その結果、３日間で延べ４千800人と多くの市民が参加し、そして渋滞損失も10％削減し、初年度にして計画の目標値を達成するという大きな成功を収めることとなる。さらに次年度の04年度もノーマイカーデーを実施し、同様に大きな効果が現れた

ただし、実はノーマイカーデーとともにＭＭ施策を実施することについては、実施組織内で完全に賛同を得られていたわけではなかった。その当時の様子について、携わった有識者は、国土交通省から委託を受けていたコンサルタントは「ＭＭという新しい概念に対して少し懐疑的であった」ように映り、民間企業の関係者は「企業としては得になることがないから、何言っているんだという雰囲気だった」と言う。一方でそのコンサルタントは自らが担当するノーマイカーデーの成功に対する信念の強さは頑固とさえ呼べるものを持っており「自分のスタイルに自信を持っている地元専門家の存在が欠かせなかった」と学識経験者が語るように、この専門家の存在はプロジェクトの実施において大きな原動力となった。こうして、ノーマイカーデーでＭＭを含めた取り組みの大き

注3　ワンショットＴＦＰについては、序章およびたとえば国土交通省『モビリティ・マネジメント〜交通をとりまくさまざまな問題の解決にむけて』を参照。

注4　「ベスト運動」については、「ベスト運動オフィシャルサイト」を参照。http://www.cgr.mlit.go.jp/fukuyama/enkatsu/best/index.html

な効果が確認できたことにより、実施前は本当に効果があるのか半信半疑であった自動車部会に所属する民間企業の関係者も、徐々に協力的になっていった。

ノーマイカーデーの取り組みで効果が非常に明確に現れたことは、後の活動を後押しすることとなった。「ソフト施策が渋滞対策として効果があるものだ」という認識が関係者に広がっただけでなく、後に開催された「市民フォーラム」での報告を通じ、「MMは効果がある」という認識が市民の間でも広まっていった。

市民・民間と連携したMM手法の模索と展開

福山都市圏でMMを取り組み初めて3年目となる05年、国土交通省福山河川国道事務所には、人事異動により新たなMMの担当者が赴任した。また、同年、福山市ではベスト（Bingo Environmentally Sustainable Transport）運動が新たにスタートした。「ベスト運動」は、地域のFMラジオ局「エフエムふくやま」が展開していた地域活性化のための既存の会員制度を拡張し、行政が事務局となり、ベスト運動に会員登録している市民に対し、行動変容を促すための情報提供やアンケート等のコミュニケーション活動を行う、民間と連携したMMの取り組みである。[注4] 会員は、時差出勤や公共交通、自転車や徒歩など、自動車渋滞のピークの分散につながる方法を自由に選択して通勤を行い、専用のHPでその報告を行う。また推進委員会が協賛企業から協賛金を募り、その資金はベスト会員への特別特典に要する費用や、会員とのコミュニケーション等の費用として有効に活用される。また、FM局が協賛企業の広報をし、特別特典をベスト会員に送付する。ベスト会員は取り組みを報告

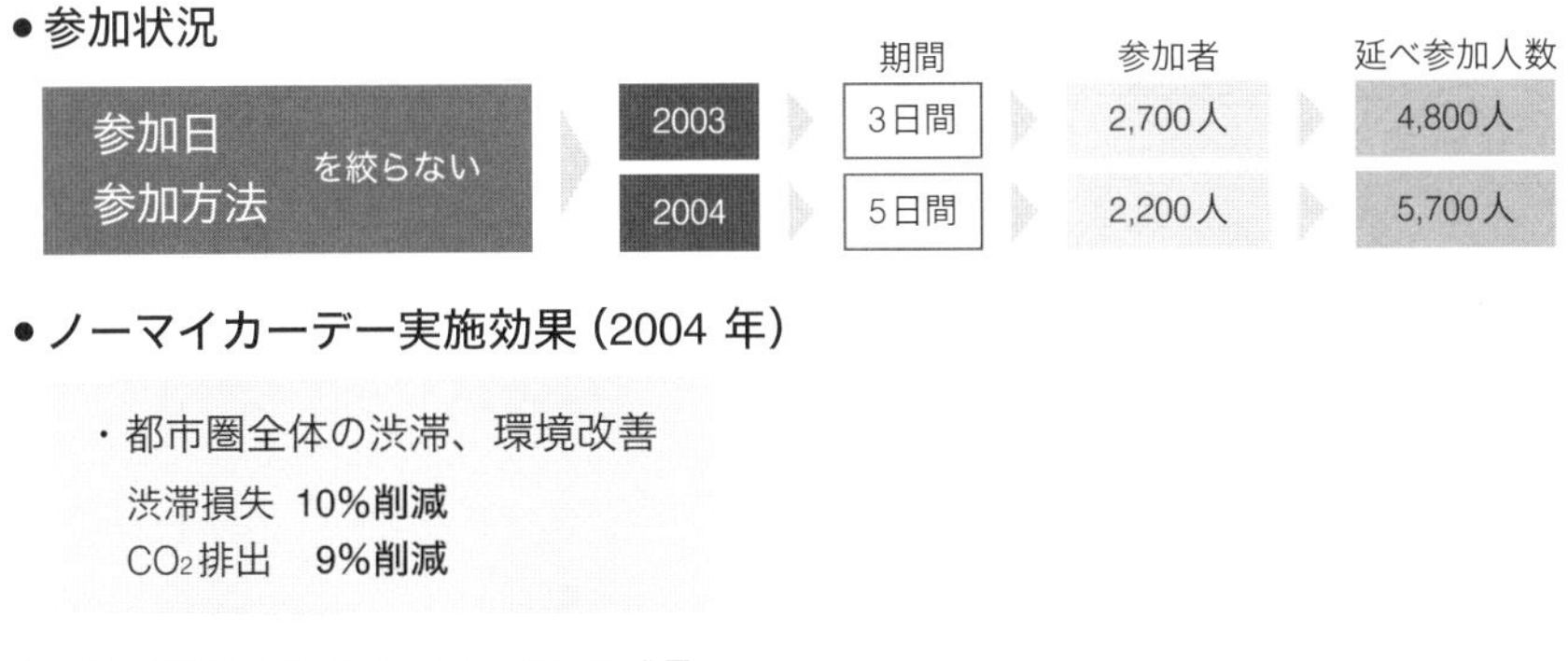

図1 TFP を導入したノーマイカーデーの成果

すれば特典取得の抽選に参加することができる。また、推進委員会はベスト会員に対して参加報告の依頼や、取り組みの成果をフィードバックすることができる。このように運動の参加主体がそれぞれ自らの利益を得ることができる仕組みになっている。

このスキームは完成度が高く、EST交通環境大賞[注5]などの表彰も受賞している。しかしながらその立ち上げは苦労の連続であった。協賛金を集めるに当たりどのように展開すればよいのかまったく分からなかったため、国道事務所と市役所の担当者は自動車部会に所属する民間企業の方に頻繁に教えを請うたという。その後、二人は県の担当者と協働して「最初の3年くらいは夏の間は日中ほとんど職場に座っていない」くらいに事業所を訪問し、その数は年間数百件にも及んだ。企業が協賛金の協力を断ることもあり、そのたびに「辞めたくなる」ほど落ち込んだそうだが、諦めることなく何度も足を運び、ベスト運動の重要性を企業に説明して歩いた。

ただ、いざ実際に取り組み始めると、計画段階では予期できなかった課題が次々と現れてきた。お金を集める新たな取り組みであったため、その管理についてFMラジオ局との間でも衝突が頻発した。また「一番の問題はセキュリティ関係」であり、会員情報等の個人データを扱うため、行政内部での調整も難航した。

国道事務所と市の担当者は、両者の間での明確に役割を決めては

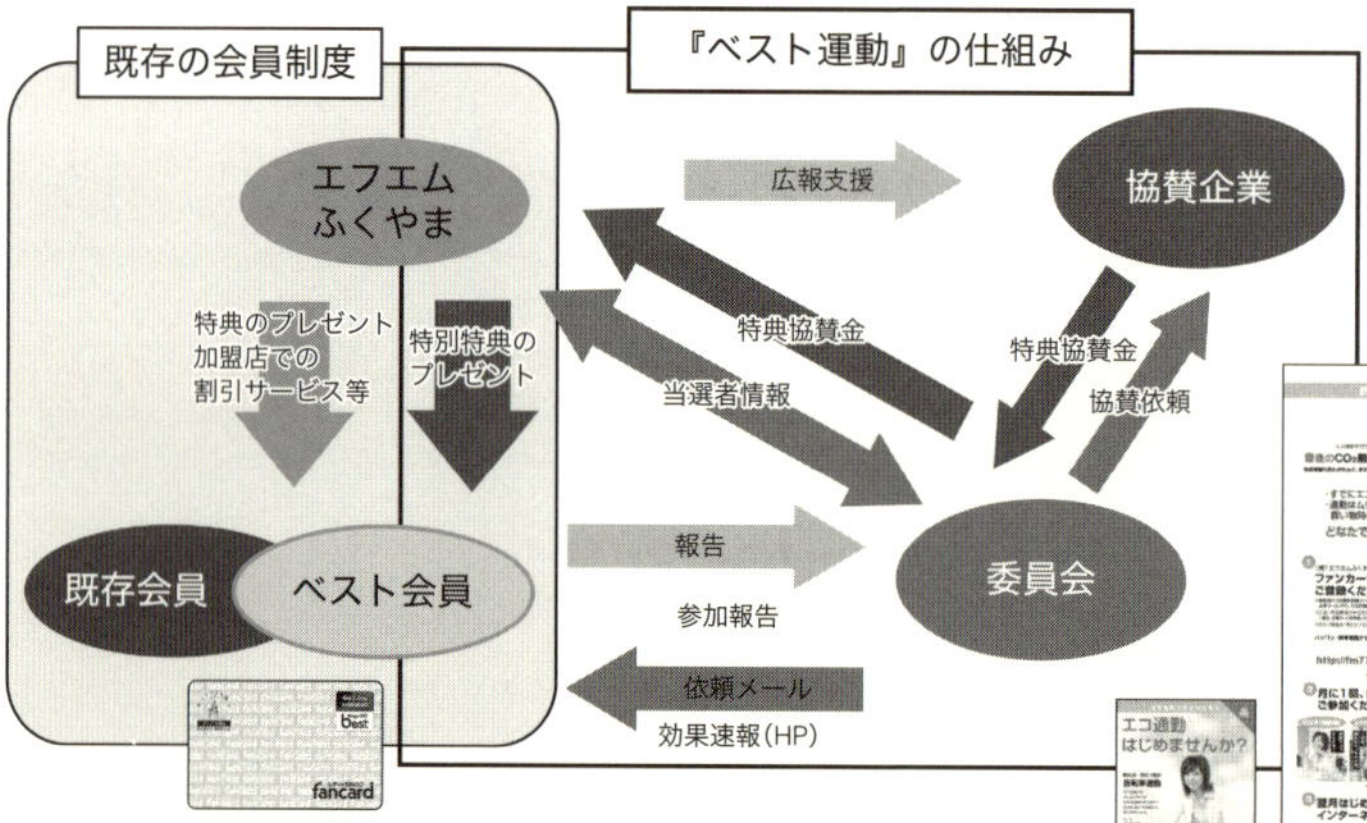

▲会員募集時のポスター＆リーフレット

図2　ベスト運動の仕組み

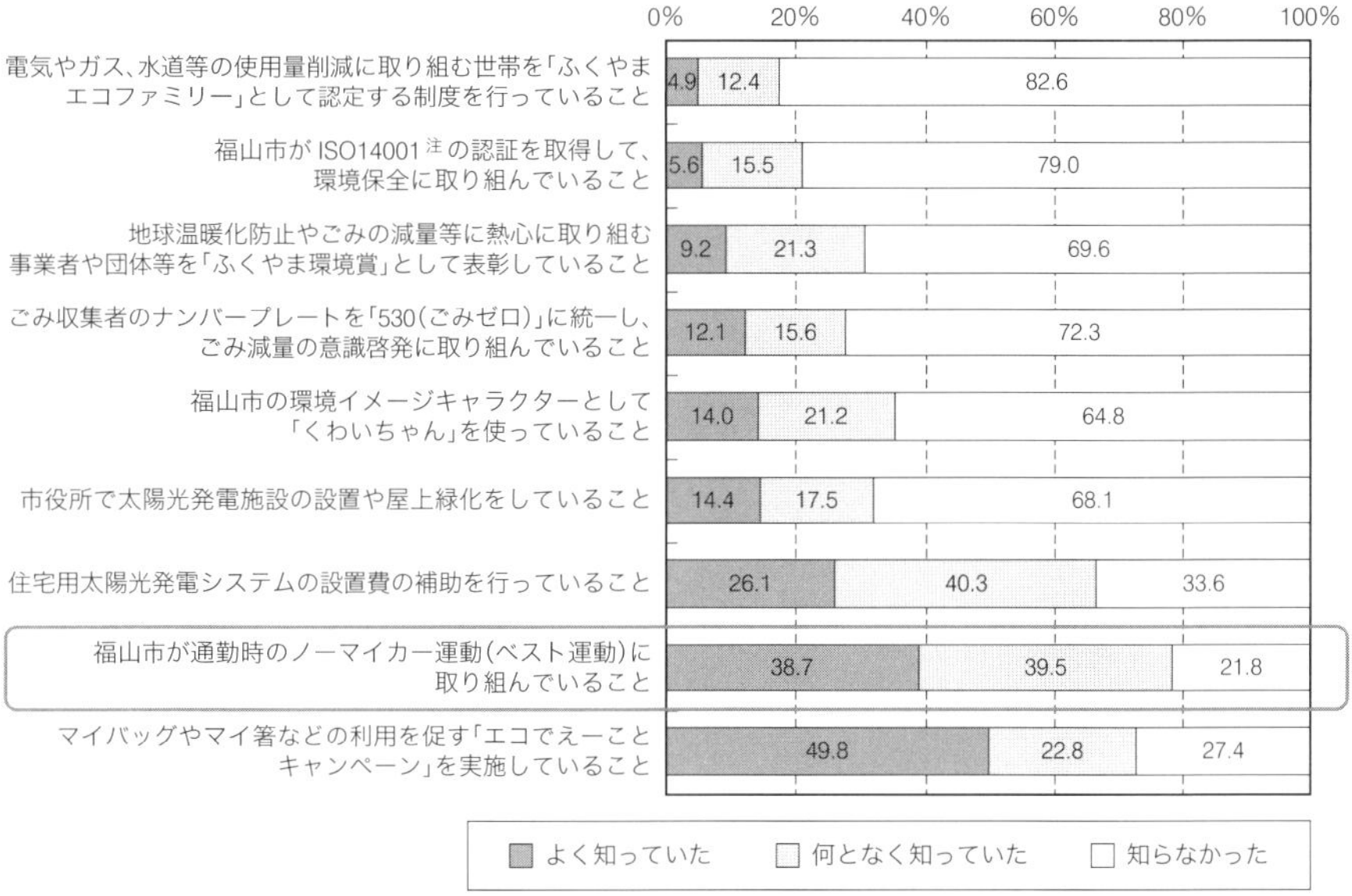

注：ISO14001とは、国際標準化機構（ISO）により発行された環境マネジメントシステムに関する国際規格のこと。

図３　ベスト運動に対する市民の方々の認識

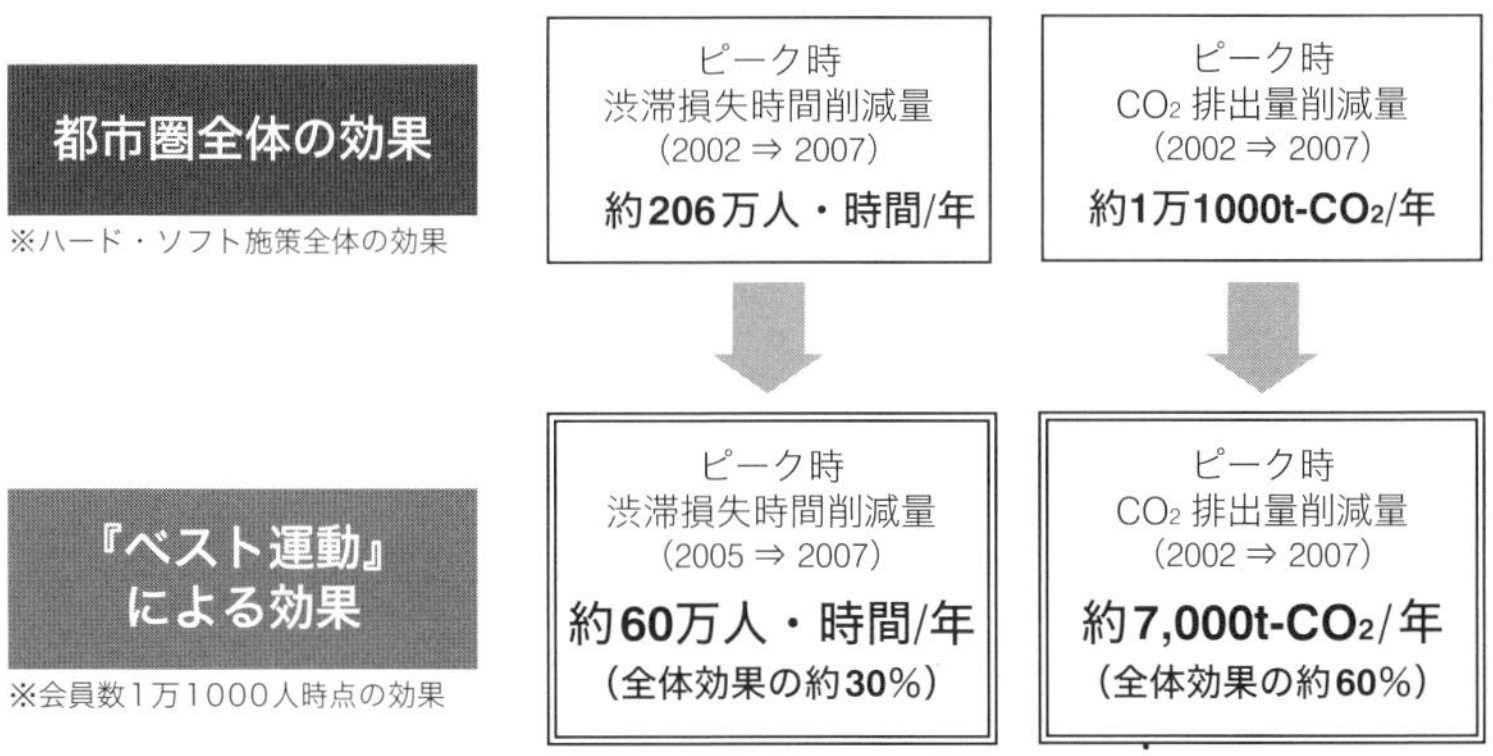

図４　「ベスト運動」の効果

いなかったが、ただその仕組みを構築することを目的に、所属の組織を意識せず、柔軟に分担し、対応していったという。当初はFMラジオ局も負担が多い点に難色を示していたが、正面から向き合い調整することにより、試行錯誤を繰り返し、現在の体制にたどり着いた。こうして、数年のうちにシステムとして確立することに成功し、その後現在まで継続しており、ベスト運動の会員数はおよそ2万人に達している。

長期的な取り組みによる効果

こういった一連の取り組みとその完成度が評価され、福山市は08年度にJCOMMマネジメント賞を受賞した。JCOMM賞の受賞が市民のMMやベスト運動の継続実施に繋がるきっかけとなり、市民のMMやベスト運動に対する認知度も高まったという（図3）。そして行政側でも担当者が人事異動で代わった際に、「福山ではMMは実施するものだ」という前提の認識をもたせることにも繋がっている。

その結果、交通渋滞も確実に緩和してきている。交通円滑化の取り組みにより、当初の計画を策定した直後から、取り組み全体で渋滞損失時間を5年間で206万人時間／年を削減したが、そのうちMMが寄与した効果は約3割（60万人時間／年）と推計されている[注6]（図4）。そして会員数は年々増加し、福山都市圏ではさらなる道路混雑緩和に向け、新たな目標を掲げ、さまざまな機関が連携し、取り組みを進めている。

ただ、こうして現在まで継続されているベスト運動は「長期間継続することでマンネリ化の問題にも直面している」と、学識経験者、担当者とも感じている。登録している市民に対して郵送でアンケートを行うなど、こまめに課題を発見し、地道に対応策を練るなどのテコ入れを行っているが、

注5　ESTとは「環境的に持続可能な交通（Environmentally Sustainable Transport）」であり、長期的視野に立って交通・環境政策を策定する取り組みである。EST交通環境大賞では、EST普及委員会、（公財）交通エコロジー・モビリティ財団が主催となり、地域の交通環境対策に関わる優れた取り組みの功績や努力を毎年表彰している。

注6　国土交通省福山河川国道事務所記者発表資料「第11回委員会の開催について『福山都市圏交通円滑化総合計画推進委員会』」（12年3月16日）を参照。http://www.cgr.mlit.go.jp/fukuyama/kisya/kisya_120316.pdf

まだまだ対策は不十分であると担当者は感じている。一方で、行政の財務状況は厳しく、予算面の問題から、思うような対策は取れていないという。また、市の財政部局からは「本当にそこまでやらなければならないのか」という意識を持たれているという。

しかしながら、ベスト運動の会員や、寄せられた協賛金を、よりよい交通環境の実現のための活動資金としても活用しており、それが継続実施につながっている要因の一つでもあると担当者は語っていた。

道路混雑を劇的に緩和させた地方都市、松江都市圏のMM

MM開始にいたるまで

松江都市圏は島根県の県庁所在地・松江市（人口約20万人）を中心に広がる地域である。典型的な地方都市であり、他の地方都市と同様にバスや鉄道等の公共交通の利便性は高いとは言いがたく、加えて山陰地方特有の曇天で風雨の多い変わりやすい天候、冬季の積雪等の要因もあり、通勤目的では自動車分担率が82％ときわめて高く、クルマ利用が当たり前の地域である。松江市の中心部は、宍道湖、中海を結ぶ大橋川の両岸に広がっているが、この大橋川を横断する方向の交通容量不足の要因もあり、朝夕の通勤時間帯には、都市圏全体で、とくに大橋川の渡河部周辺で、主に通勤交通による渋滞が発生しており、長いところでは最大で3キロを越す渋滞が発生していた。このような渋滞問題に対し、国・県・市や警察が連携し、ＰＴＰＳ（公共車両優先システム）やバスロケーションシステムの導入、ネットワーク再編などによる公共交通の利便性向上策、それらによる自動車から公共交通の転換による渋滞の緩和へと対策を講じてきたが、公共交通の利用者は減少傾向が続き、交通渋滞は依然として緩和の傾向が見られなかった。

新たな渋滞対策として、松江都市圏でMMを始めたのは06年度であった。その年、松江都市圏では市内中心部の行政職員を対象に、動機づけ資料を配付し、TFPアンケートを行う「定型的」な職場MMを試行的に展開した。しかしながら協力的な姿勢を示してくれた職員はほとんどなかった。

「松江らしいMM」の模索とコンセプトの設定

06年度の試行ではあまり成果が出なかったが、ここで道路行政を担当する国土交通省の国道事務所の担当者は、「なぜMMが上手くいかなかったのか」を顧み、「松江らしさ」への配慮がもっと必要であるという考えにいたった。学識経験者のアドバイスのもと、担当のコンサルタントとも深く議論をしながら、松江都市圏で職場と連携して展開するMMの実施コンセプトを「できることから、できるペースで、できる人から」と定め、MMを展開することと定めた。このコンセプトには、「それぞれの環境でできることは異なるので、何か松江のためにできることを少しずつでもやっていこう。決して同一のことをみんなでやることを強制しているわけではない。ただ、松江のために自動車利用を減らす思いは皆同じ」、という思いが込められていた。そして「まずは何か一つでも、小さいことからきっかけとしてやってみよう」という働きかけも込められていた。

加えて、より丁寧なコミュニケーションを図るという戦術で展開することとした。松江市は古くからの城下町であり、その街なみが残る松江は、人と人とのふれあいや関わりが非常に深い。そのような背景もあり、市内中心部は比較的中小規模の事業所が多く、事業所内での風通しのよさがあるであろうと考えたからであった。

一軒一軒を回って得られた職場交通プラン「まつエコ宣言」

上述のコンセプトや戦術に基づいて職場MMを展開するにあたり、国土交通省の担当者は「前年（06年度）にうまくいかなかったこともあり、正直あまり自信がなかった」という。しかしながら、担当者はその事業を受注したコンサルタントと市内中心部の事業所を一軒一軒訪問し、〝「できることから、できるペースで、できる人から」過度の自動車の利用を抑制する〟働きかけを行った。結果、事業所や職員の方々は「自動車を控えるのが嫌であったりむずかしかったりするのではなく、協力はしたいがどのように取り組んでいけば良いのか分からない」ということに気がついた。また、事業所によっては独自の取り組みをすでに行っているところもあった。こういった情報を別の事業所に「取り組み事例集」として紹介していった。こうして事業所とコミュニケーションを図り、事業所の取り組み方針策定をきめ細やかにサポートし、そして、それぞれの事業所で職場ぐるみの取り組み（職場交通プラン）を明文化した「まつエコ宣言」の策定を依頼したが、取り組みの初年度で訪問した事業所のうち約7割の事業所が策定し、民間の職場への働きかけを始めた2年後には、42事業所が職場交通プランを策定するにいたっていた。

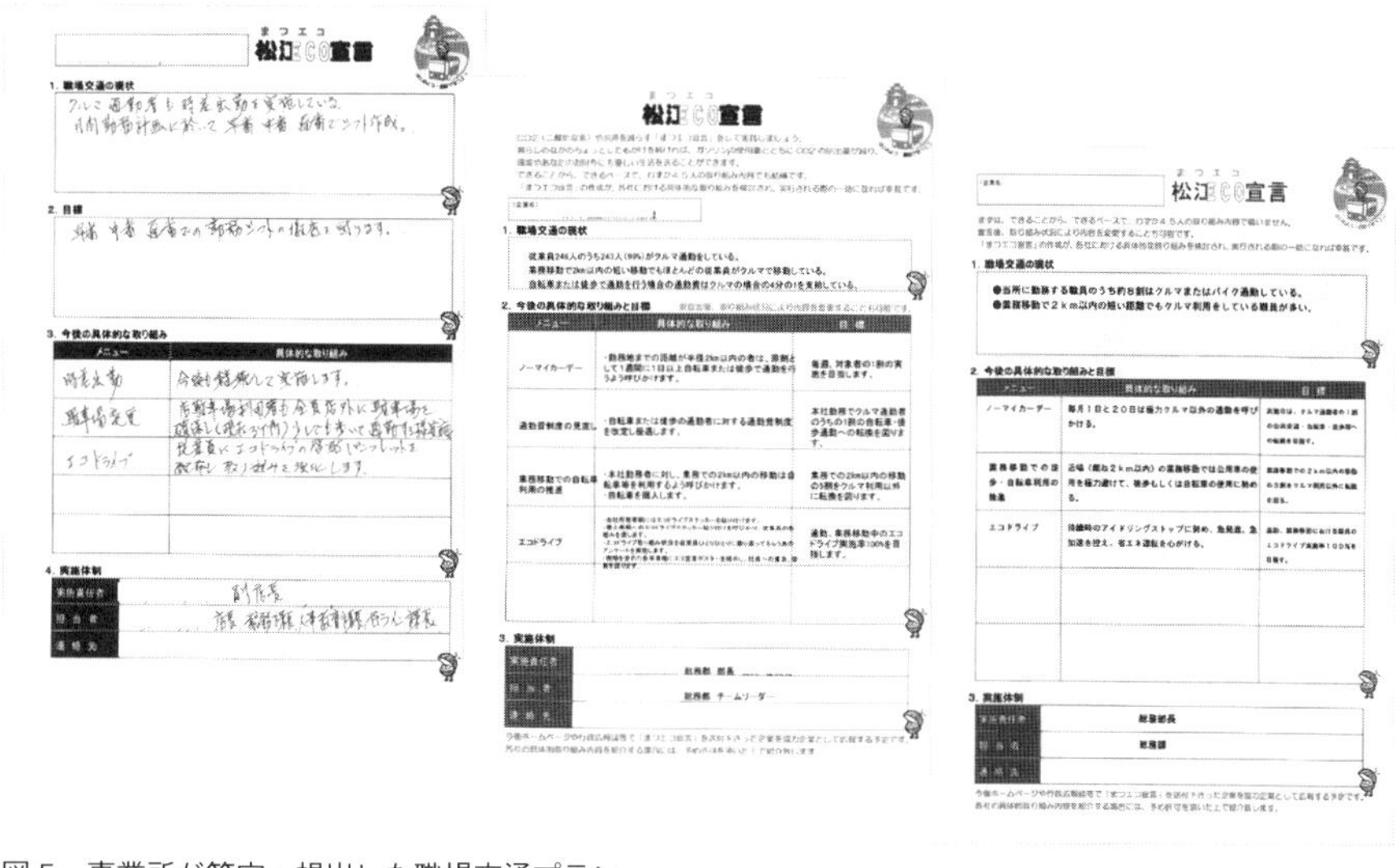

図5　事業所が策定・提出した職場交通プラン

都市圏でMMを推進するプラットフォームの構築

同時期に、松江都市圏では松江市がバス利用促進を目的としたMMを、島根県が地方鉄道の利用促進を目的としたMMを展開していた。また08年には、松江市に「松江市公共交通利用促進市民会議[注7]」が設立される。

この「市民会議」は、市民・企業・交通事業者・行政が協働して公共交通の利用促進を図りながら「だれもが、安心して、やさしく移動できるまち・松江」の実現に必要となる事項を協議するために設立されたものであり、メンバーは行政機関や警察、交通事業者のほか、民間団体、公募で集まった市民で構成され、地元の学識経験者のリーダーシップにより議論や活動が展開されていた。この会議のなかで、松江都市圏で展開されていたMMの情報交換も行われるようになった。また、「だれもが、安心して、やさしく移動できるまち」の実現に向けた施策の立案や調整も、この会議で円滑に図られるようになった。朝の交通渋滞の削減に向けて、職場MMを展開したいと国道事務所側が提案すると、市の交通担当部局が進める施策と連携して進められるようになった。そうして実施されることが決まったのが、09年度より始まった山陰初の「ノーマイカーウィーク」であった。

MMの効果がはっきり見えた「ノーマイカーウィーク」

国道事務所が展開していた職場ぐるみでの取り組みを促す職場MMは、しだいに規模が拡大していった。職場交通プランを提出した事業所の従業員数は、08年度末で約4千500人にいたっていた。松江市中心部の従業人口規模約8万人に対してこの人数は約6%に相当し、都市圏全体の交通環境への影響を無視しえない規模となっていた。また職場交通プランを策定した事業所では、社用自転

注7　松江市公共交通利用促進市民会議については、松江市ホームページを参照
http://www1.city.matsue.shimane.jp/sumai/koutsu/koutsuushiminkaigi/

車を購入したり、エコ通勤担当者を配置したりするなど、ユニークな取り組みを推進する企業も多く見られるようになっていた。

こうした背景から、都市圏全体で一斉にエコ通勤を実施した場合の効果を明確に確認するとともに、さらに多くの市民や市内通勤者の意識・行動変容を図ることを狙い、09年10月19日〜23日の5日間、山陰地方では初となる「松江市一斉ノーマイカーウィーク」が実施されることとなった。ノーマイカーウィークの実施にあたっては、これまでに職場交通プランを策定した事業所に加え、他の事業所や市民、市内通勤者に対する参加の働きかけやコミュニケーションを図った。国土交通省の国道事務所や松江市、島根県、公共交通事業者等が一体となり、学識経験者やコンサルタントから助言を受けつつ、「交通渋滞の削減」や「バス・鉄道の利用促進」に向けて、一丸となって取り組んだ。

ノーマイカーウィークでは、事業所や市民とのコミュニケーションにとくに力を入れられた。事前に事業所や市民からFAXやホームページを通じ、参加の意向確認を受け付けた。その際、事業所で取り組むことのできる内容や実施可能日、人数などノーマイカーウィーク期間中の交通プランについてあわせて尋ね、当日の行動に繋がるようにした（図6）。375事業所を対象に働きかけを行い、105事業所が参加の意向を示した。さらに参加意向を受け付けた後、環境や健康、金銭面や交通渋滞面からエコ通勤のメリットを啓発する従業員向けのツール（リーフレット）を作成し、意向を持った事業所を通じて配布し、コミュニケーションを図った。また、松江市のコンパクトな都市構造に着目し、手軽な交通手段としての認識を高めることを狙い、電動アシスト付き自転車の貸し出し等の促進策もあわせて展開された。こうした事業所とのコミュニケーションを通じ、国土交通省や松江市役所等で構成される事務局は一定の手応えを感じていたが、効果がどのように現れるか非

【送付先 ： FAX 0852－55－5535　松江市総合交通政策室 行】

FAX回答用紙

松江市一斉ノーマイカーウィーク（社会実験）の参加意向について
（および電動アシスト付自転車無料レンタルの意向について）

できるだけ多くの方に松江市一斉ノーマイカーウィークに参加して頂くため、
まずは、別添の『**エコ通勤 取り組み好事例集**』をご覧の上、以下にお答え下さい。

【1】松江市一斉ノーマイカーウィーク（H21.10.19(月)〜23(金)）への参加意向について、当てはまるものに○をつけて下さい。（**複数回答可**）

■事業所全体を挙げて、取り組んでも良い　　■一部の職員であれば参加できる
■条件を満たせば参加できる（条件：　　　　　　　　　　　）
■参加はできない（差し支えなければ理由をお聞かせ下さい：　　　　　　　　　　　）
■その他（具体的に：　　　　　　　　　　　）

【2】松江市一斉ノーマイカーウィーク期間中に「**取り組めそうな内容**」、「**取り組めそうな日**」について当てはまるもの**全て**に○をつけて下さい。また、ご参加頂けそうな「**人数**」についてご記入下さい。

①取り組めそうな内容 （当てはまるもの全てに○）	■マイカー通勤者へのノーマイカー通勤の呼びかけ ■近場（概ね5km以内）のマイカー通勤者への徒歩・自転車通勤への呼びかけ・実施 ■公共交通（バス・鉄道）による通勤への呼びかけ・実施 ■パーク＆ライド（クルマを駅やバス停に駐車し、鉄道・バス通勤）の呼びかけ・実施 ■相乗り通勤（近所や、自分より近くに住む同僚を乗せて通勤）の呼びかけ・実施 ■業務移動での自転車の利用 ■その他（具体的に：　　　　　　　　　）
②実施可能日 （当てはまるもの全てに○）	■19日（月）　■20日（火）　■21日（水）　■22日（木）　■23日（金）
③参加予定人数	人

※実際の取り組み内容や実施日、参加人数に変更があっても問題はございません（現時点の意向で結構です）。

【3】松江市一斉ノーマイカーウィークに合わせて、**職員の通勤や業務移動で使える電動アシスト付自転車の市内事業所への貸し出し（無料）**を実施します（モニター制度、最長3ヶ月）。貸し出しを希望されますか？

■希望する　　■希望しない

※台数に限りがあるため、ご希望に沿えない場合もあります。

【4】貴事業所に関して、以下の内容についてお聞かせ下さい。

企業・団体名		
所在地	〒	
職員数	人	
マイカーおよび自転車通勤者数 （概ねの人数で結構です）	（マイカー通勤者数）　人	（自転車通勤者数）　人
駐輪場の有無	無 ・ 有（　　　台）	
担当者　部署・役職・氏名		
メールアドレス	@	
電話番号／FAX番号	（TEL）	（FAX）

【5】取り組みに関してご不明な点やご質問などございましたらご記入下さい。

質問は以上です。ご協力ありがとうございました。**10月6日(火)**までに上記送付先までFAXにてご返信下さい。

図6　ノーマイカーウィーク参加申込書（2009年）

常に不安であった。

ノーマイカーウィーク期間中の5日間、1日は天候がぐずついたものの、残り4日間はおおむね好天に恵まれた。期間中約100社、5日間延べ3千152人がノーマイカーウィークに参加した。その結果、市内の主要渋滞ポイントでの交通量や渋滞長は軒並み減少し、また、バスや自転車の利用者数も大幅に増加した。また、このノーマイカーウィークの一連の取り組みは地元のテレビや新聞等のメディアからも大きく取り上げられ、市民の関心を広く集めた。

社会実験としての「ノーマイカーウィーク」が与えたインパクト

山陰で初めてとなる一斉ノーマイカーウィークは、非常に大きなインパクトを与えた。市民の方々は、「できることから、できるペースで、できる人から」、市民がみんなで取り組むことで、市民の力で松江の交通渋滞等の交通問題を解決できるということを体感した。行政のトップも「ノーマイカーウィーク」の成功を踏まえ、動きを早めた。役所内では、こうしたMMの取り組みが交通やまちの諸問題の解決に非常に重要であるという認識がさらに高まり、市長が自ら公共交通通勤を開始した。そして、松江市役所では職場の通勤制度を見直し、6キロ以内は原則自動車通勤を認めない方針に改めた。このような動きは民間の事業所でも見られた。同様に職場の通勤ルールを変更する事業所もあれば、従業員自らがバスや自転車通勤に完全に転換したり、たまにクルマ以外の通勤手段で通勤する人も出始めた。

もちろん携わった国土交通省、市役所、公共交通事業者などの関係者も、こうしてさまざまな機関が連携し、市民の協力・賛同のもとMMを展開していく意義の大

図7　ノーマイカーウィーク参加以降の通勤状況の変化

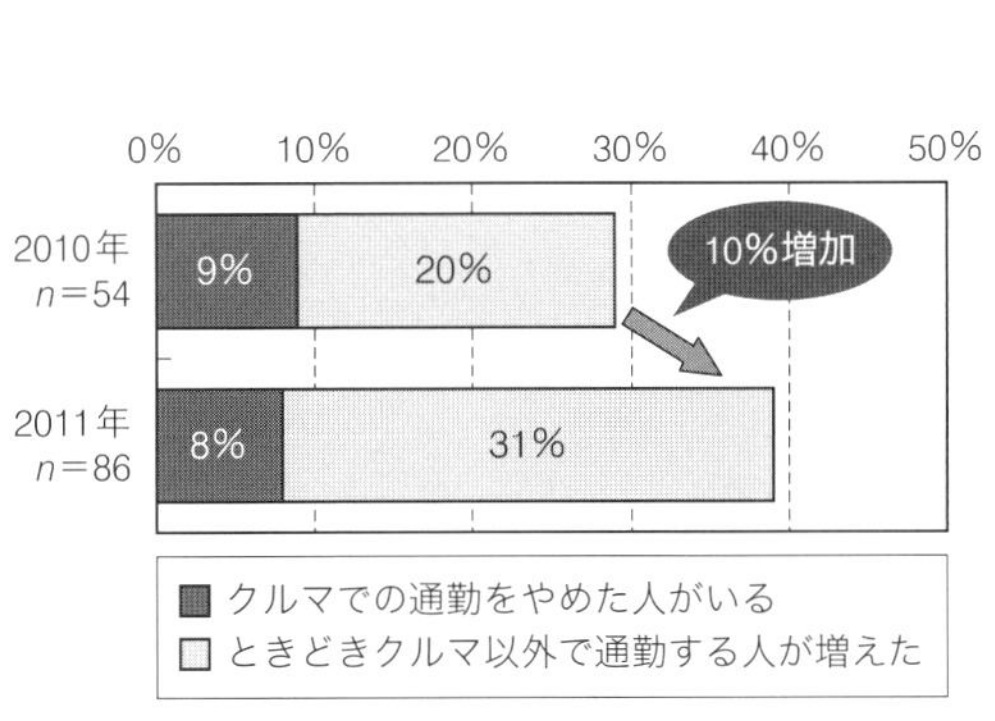

きさを感じた。国や地方自治体、警察、公共交通事業者、そして市民が連携して「よりよい交通環境」のために連携して取り組み、そして構成するそれぞれの機関のミッションである「交通渋滞の緩和」や「バスの利用促進」についても、縦割りではなくみんなで取り組んでいけば成果が得られるという土壌が醸成された。これまで職場交通プラン「まつエコ宣言」の作成依頼は、「ノーマイカーウィーク」前は国土交通省の担当者がコンサルタントと出向いていたが、「ノーマイカーウィーク」後は、松江市市役所の職員も一緒に事業所を訪問するようになっていた。そうして「まつエコ宣言」を策定する事業所も「ノーマイカーウィーク」後も順調に増加していった。

こうした一連の取り組みが評価され、松江のMMの取り組みは、10年度JCOMMマネジメント賞を受賞した。

取り組みの継続により、通常時の渋滞緩和を達成！

「ノーマイカーウィーク」は、第1回（09年）以降、現在まで毎年実施されている。年々参加規模が拡大し、最近では商店や大規模ショッピングセンターとも連携して実施されるようになった。

上記で触れたように、ノーマイカーウィークで「できることから、できるペースで」自動車以外の交通手段で通勤することを考え、実施してみるきっかけを与え、その後実際に転換する人が増え、また次のノーマイカーウィークで多くの人が考えるようになり、といった意識・行動変容のきっかけづくりを繰り返し続けてきている。

図8　職場交通プラン「まつエコ宣言」の策定事業所数

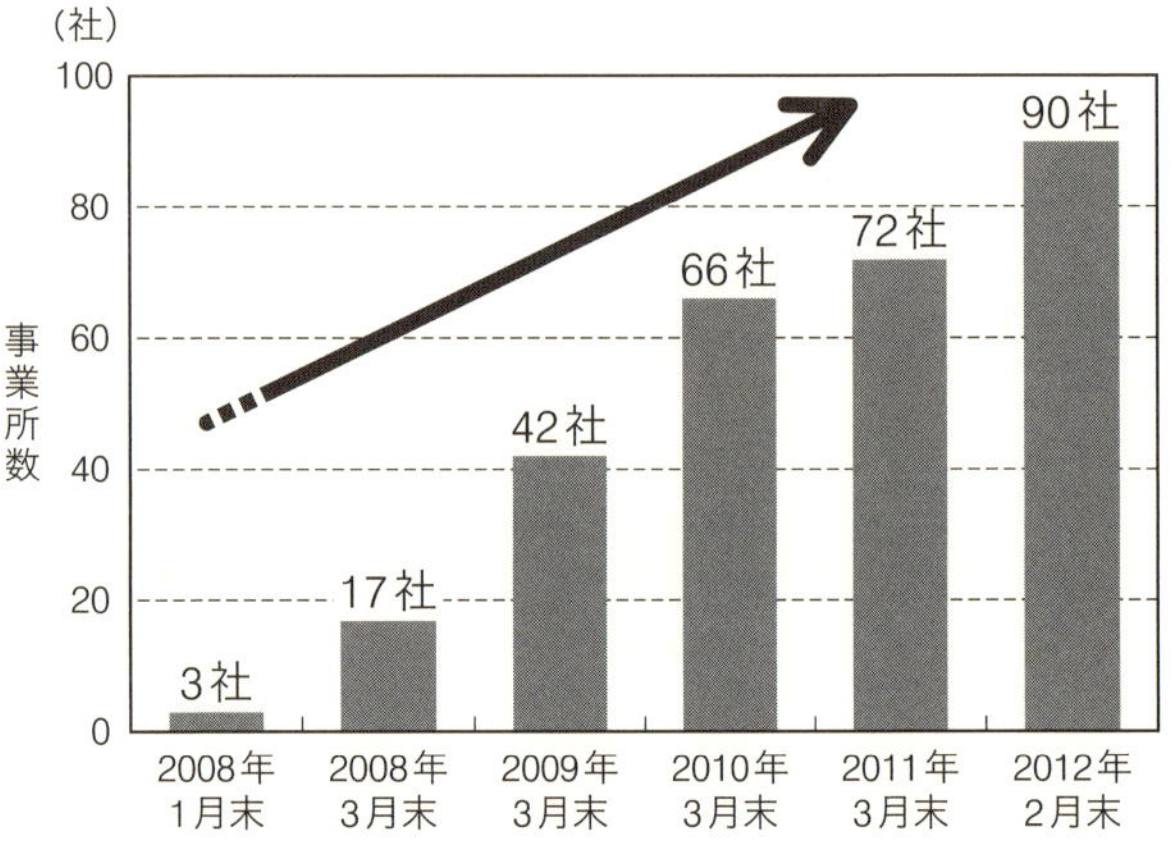

その効果は着実に現れている。図9に示すように、通常時（ノーマイカーウィークを実施していない、普段の状態）の自動車交通量が年々着実に減っており、渋滞も大幅に緩和した。また、これまで減少傾向が続いていたバス利用者も減少傾向に歯止めが掛かり、上昇の兆しが見られるようになってきた（図10）。

こうして松江都市圏のMMは、気象条件や公共交通のサービス水準の低さといったハードルを乗り越え、国、市、交通事業者、警察、民間等が連携し、「だれもが、安心して、やさしく移動できるまち」の実現に向けて取り組み、道路行政の目的である「道路混雑の緩和」や公共交通行政の目的である「バス利用者の増加」を達成した。職場MMに取り組み初めて10年近くになるが、ノーマイカーウィークは今も続き、近年では地元の商店と連携し、まちへの外出を促す取り組みをあわせて進めるなど、地域の課題に柔軟に適応し、変

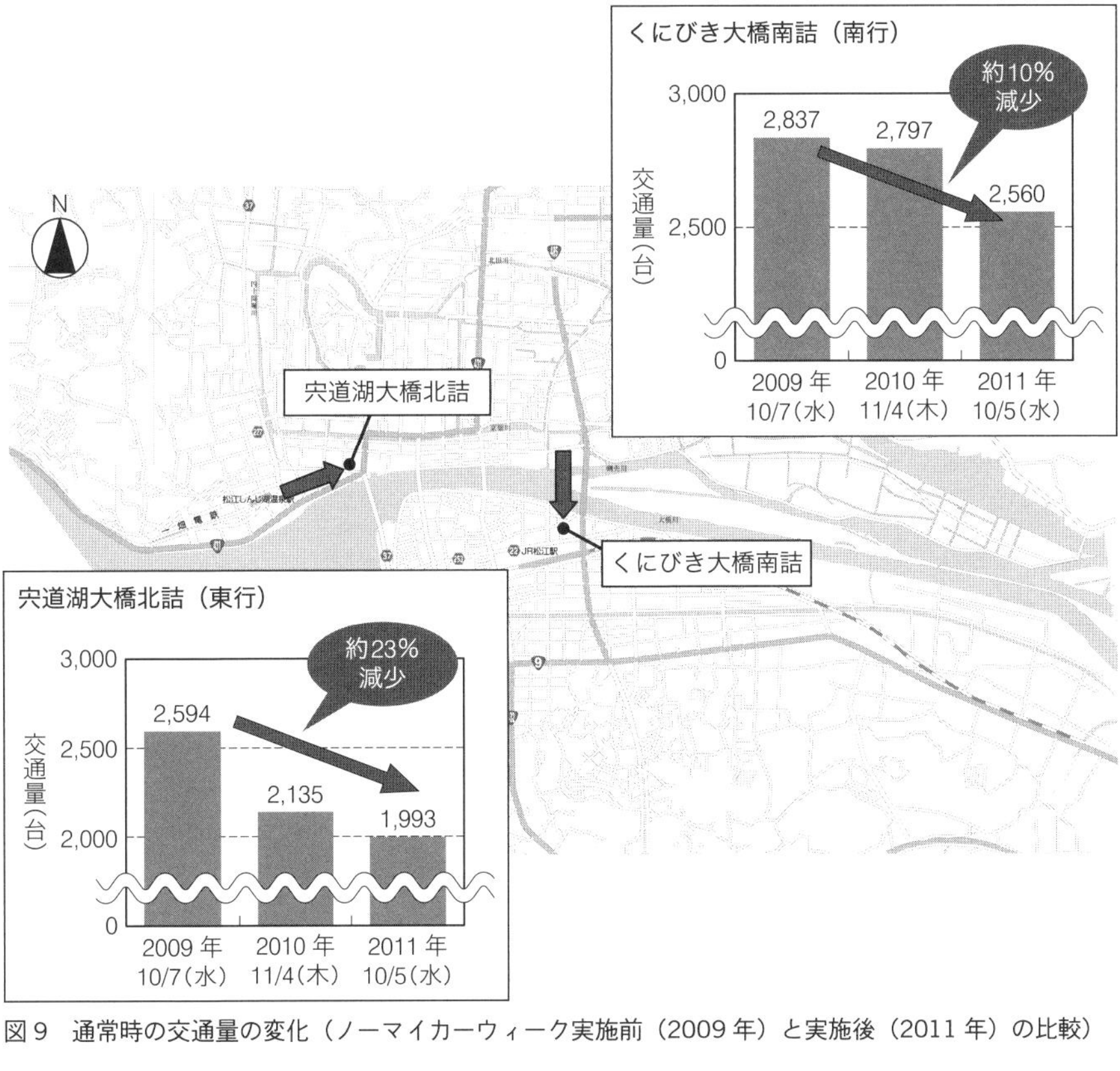

図9　通常時の交通量の変化（ノーマイカーウィーク実施前（2009 年）と実施後（2011 年）の比較）

〈コラム〉 免許更新時モビリティ・マネジメント

過度に自動車に頼る状態から公共交通機関や自転車などを「かしこく」使う方向へと自発的に転換を促すため、説得力のあるメッセージを、より的確に対象者に伝えることが重要である。加えてその規模が大きければ大きいほど、得られる効果も比例して大きくなる。

免許更新時に資料を配付し意識・行動を図ることを企図した「免許更新時MM」は、効果的かつ大規模に展開され、大きな効果を得ているMMの一つである。

京都府では、京都府警察、運転免許試験場、交通安全協会や京都府、京都市、国土交通省の連携のもと、免許更新時MMの取り組みを07年から展開している。運転免許更新センターでの講習時に、クルマと環境、健康、費用、交通安全に関する説明を記載した啓発資料（A4両面カラー）を受講者全員に配布し、免許更新時講習の講師が啓発資料の説明を行っている。

これにより得られる効果は非常に大きい。講習で資料を手にして説明を受けた受講者は、「クルマに頼らないライフ・スタイルを目指す」といった意識が高まっており、実際にクルマの利用量も減少していることが確認されている。また、自転車や徒歩、鉄道など自動車以外の交通手段の利用量が増加しており、クルマからの転換も進んでいる。

効果の持続性が大きいことも特筆すべき点である。事後に実施された調査では、啓発資料を「見た記憶がある」と答えた人の割合が比較的多いことも確認されている。

さらに、継続して行うことにより、府民に幅広く、定期的に啓発を行うことが可能となる。免許更新時講習は免許保有者が3～5年に一度は受講するものであるが、数年間にわたり継続的に展開することで、京都府下約150万人の免許保有者のほぼすべてに啓発が行き渡ったこととなり、また、二度目の講習を受けた人も少なくない。MMの規模や反復性の面でも、非常に効果的な取り組みと言えよう。

なお、事業費が安価であることもポイントである。体制が構築できれば、あとは毎年の資料の編集・印刷費（数十万円程度）で実施が可能である。費用対効果（B／C）も非常に大きく、※安価で実施できることから、ぜひともオススメしたいMMの一つである。

※山田智史ほか（2012）「自動車運転免許更新時モビリティ・マネジメント―1サイクル5年にわたる取り組みと効果」、第7回日本モビリティ・マネジメント会議 発表資料

わらぬ「できることから、できるペースで、できる人から」のコンセプトで継続して展開されている。MMを展開する予算も年々厳しくなっているようであるが、組織の壁を越えて取り組む土壌が形成されている松江都市圏では、誇れる交通まちづくりが今後も展開されるであろうと思う。

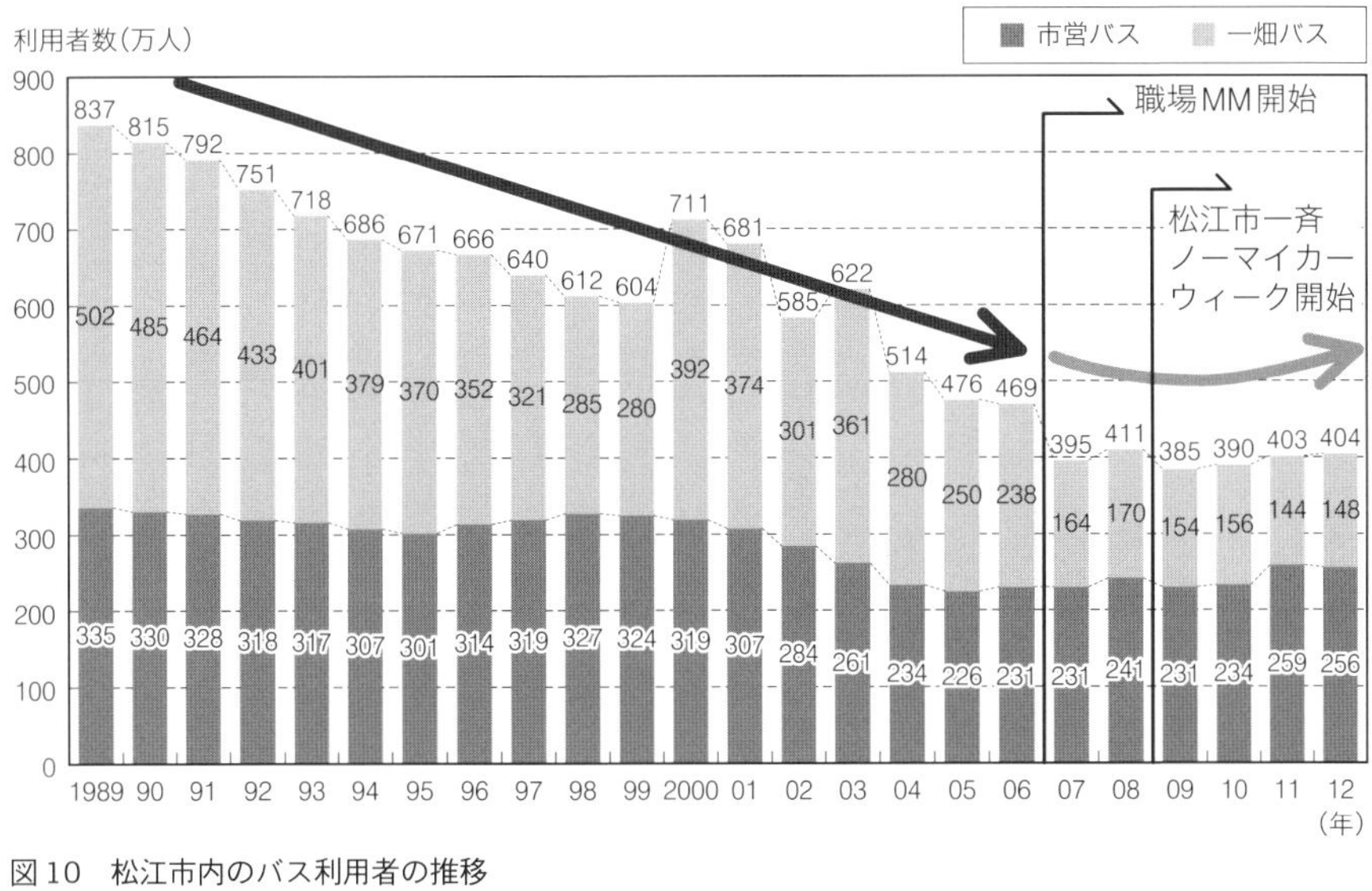

図10　松江市内のバス利用者の推移

第6章 ＭＭの色々な可能性

ＭＭは過度なクルマ利用に起因する社会問題を緩和するための交通施策として、欧州やわが国でさまざまな形で継続的に実施されている。しかし、そのＭＭの考え方の適用範囲はたいへんに幅広い。そもそも、ＭＭの技術的要素は心理学、社会心理学等の態度・行動変容研究における理論的知見を応用したものであることから、他の社会問題にそれらを適用することも容易にできるのである。

ついては本章では、ＭＭの考え方を応用して、まちづくりや防災などさまざまな場面で人々の振る舞いを変え、そして、さまざまな問題を緩和、改善していった事例を紹介することとしたい。

買物は近所のお店で

買物交通は、日常交通のなかでも大きな比重を占めているにもかかわらず、きわめて個人的な行動である。よって、たとえば通勤ＭＭのように組織を介した買物行動変容施策は困難である一方、買物交通は通勤・通学交通よりも目的地を変更できる可能性が高い。また、クルマ利用が前提の郊外型大規模店のみ存在する地域は、クルマ非利用者の買物機会を奪う可能性、ならびに地域内の資

注1　鈴木春菜、藤井聡「買い物行動の態度・行動変容に向けたコミュニケーション施策—福岡県朝倉市における地産地消商業活性化の取組」『土木計画学研究・発表会』38巻、和歌山大学、２００８年11月

お買い物から
暮らしと地域を、見直してみませんか？

大きなお店まで、クルマでお買い物。
たくさんの品物を、とても安く買えます。

しかし、そうしたお買い物 ばかり 続けていると、
少し困った事にもなるようです。

ここではこの事について、
少し冷静に考えてみましょう。

お買い物と「地域のふれ合い」

昔から、お買い物は、
地域とふれ合い、地域を感じる機会にもなっていました。

その中で、地域の旬のたべものやその料理の仕方、
地域のお祭りやお花見のことなど、
いろいろと言葉を交わしたものでした。

でも、「大きなお店」には、そうした機会はあまり無いようです。

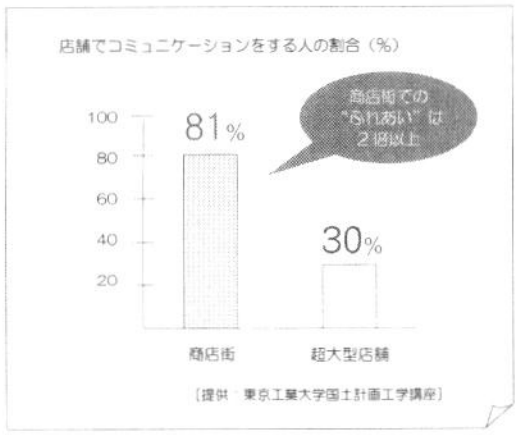

地域の外に、オカネが流出…？

「大型スーパー」はとても便利です。
しかし、そんなお店の収益は，他の地域※に流出していきます．
※そのお店の本社があるような地域
つまり，皆さんが大型スーパーで買い物をすればするほど，
皆さんのオカネが，よその地域に流れ，
皆さんの地域の経済が少しずつ，貧しくなっていくのです．

しかし，地元のお店で買い物をすれば，
皆さんのオカネは地域の中にとどまります．
そして，地域経済は，少しずつ豊かになっていきます．

つまり，皆さんが，どこでお買い物をするかが，
地域の経済に，
大きな影響を与えているのです．

……どうやら……

「クルマ」で「大型スーパー」にばかり行っていると、
「健康」や「環境」
にとってあまり良くないようです。そして、
「地域のふれ合い」　の衰弱　や
「地域の経済」　の衰弱
にもつながってしまうようです。

……だとするなら……

ご自身の健康のためにも，そして，豊かな地域のためにも，
地域のお店で，徒歩や自転車でお買い物
を，心がけてみるのも，いいかもしれません．

ご無理の無い範囲で，
ぜひ一度，お考えになってみてください．

東京工業大学 国土計画工学講座
（藤井研究室）

図 1　買物 MM　動機づけ冊子（一部）

本を外部に流出させ地域経済を衰退させる可能性を有している。よって、地域社会の活力という観点からも、買物行動の変容を期待する施策は有意義となろう。ここでは、MMの知見を援用し、買物行動の帰結や目的地である店舗についての情報を提供し、買物行動の態度・行動変容を期待するコミュニケーションを実施した事例を紹介する。注1

この事例は福岡県朝倉市甘木の中心部から半径500メートル程度以内の全居住世帯を対象とし、①動機づけ冊子（買物行動の帰結に関する健康、環境、地域とのふれあい、地域経済の情報、図1）、②店舗紹介冊子（地域の生産品と店舗、図2）、③コミュニケーション・アンケート（冊子読了、地域の店舗利用意図、店舗までの道順の記入を要請することで実行意図を活性化）の三つを配布するというものであった。

コミュニケーションから3～4カ月後の事後調査結果より、約3割の回答者が近所の店舗での買物を意識するようになり、半数以上の回答者が近所の店舗での買物を他者に勧めていたほか、パンフレット掲載店利用頻度が2倍以上に増加した。さらにこの実験をきっかけとし、買物MMの継続的実施やまちのあり方を含む環境改善等に関する行政職員や商店会関係者の活発な議論がかわされるようになったと報告されている。

図2　買物MM　店舗紹介冊子（一部）

放置駐輪対策

「自転車」は環境にも健康にもよい交通手段として、かつクルマと同様に出発地や出発時刻を自由に選べる便利な交通手段として、近年注目を集めている。一方、自転車の利用にともなうさまざまな問題も顕在化しつつある。都市の駅前などで大きな問題となっている「放置駐輪」も、その一つである。

放置駐輪は、「自分ひとりくらい、とみんなが思うことでみんな（社会全体）が不利益を被る」問題構造、すなわち典型的な「社会的ジレンマ」の構造を有している。そのため、その解決には新たな駐輪場の建設や放置駐輪の撤去をはじめとする「構造的」な施策とともに、「心理的」な施策、すなわちコミュニケーション施策を実施することが重要である。この認識のもとで、ＭＭの技術的要素を応用した放置駐輪削減の取り組みがいくつか進められている。ここでは①コミュニケーション・アンケート付きの「リーフレット」による情報提供[注2]と、②「コミュニケータ」による情報提供と誘導[注3、4]の事例を紹介する。

「リーフレット」による情報提供

何らかの行動変容をしたいと思った人がそれをできない理由としてはさまざまな理由が考えられる。それを一つ一つ丁寧にひもときながら、より社会的に望ましい方向（放置駐輪問題の場合は放置駐輪を抑制する方向）への行動変容を促すのがモビリティ・マネジメントの基本である。放置駐輪の場合、駐輪場でない場所に自転車を止めてしまう理由は「めんどう」「短時間なので迷惑がかからない」などという理由とともに、「駐輪場の存在を知らない」ことがあると考えられる。そのよう

注2　萩原剛、藤井聡、池田匡隆「心理的方略による放置駐輪削減施策の実証的研究—東京メトロ千川駅周辺における実務事例」『交通工学』42巻⑷、89～98頁、２００７年

注3　羽鳥剛史、三木谷智、藤井聡「心理的方略による放置駐輪削減施策の効果検証—東急電鉄東横線都立大学駅における実施事例」『土木計画学研究・論文集』26巻⑷、797～805頁、２００９年

注4　羽鳥剛史、三木谷智、藤井聡、福田大輔「大規模放置駐輪問題を対象としたコミュニケーション施策の効果検証—ＪＲ東日本赤羽駅での取り組み」『土木学会論文集』Ｄ３（土木計画学）67巻⑸、967～977頁、２０１１年

な人に対して、駐輪場の場所を丁寧に説明するとともに、「もし駐輪場を利用するとしたら、どこを利用するか」を尋ねるコミュニケーション・アンケートを添付したリーフレットを作成することにより放置駐輪が2割削減できた事例が、東京メトロ千川駅の事例である。

この事例では、駅周辺の放置駐輪（図3）を削減するためのコミュニケーション施策として図4、図5のような「リーフレット」を作成し、駅やその周辺商店等で手渡し（図6）やポスティング、ラックへの備え置きなど、人々の目につくようなさまざまな方法で配布を行った。

リーフレットはA4サイズの厚手の紙に両面・カラー印刷を施し、二つに折りたたんでA5サイズとしたものを作成した。リーフレットには、以下のような情報がコンパクトに記載されている。

・千川駅周辺に豊島区営の駐輪場が4カ所あること
・当日利用できる駐輪場は3時間まで無料であること
・「撤去を気にせずに、安心して、ゆったりとした気分で駐輪できる」という、駐輪場を利用するメリット
・4カ所の駐輪場から千川駅へのアクセス方法・利用方法

就職・入学等、人々の生活パターンが変わる4月にこれらの取り組みを行った結果、4月から5月における千川駅周辺4カ所の駐輪場利用率の伸びは前年度比で約2倍（8→16ポイント）となった。また、放置駐輪の台数は配布1週間後には21％減少（557→438台）し、配布4週間後にも減少傾向は持続していた（21％減少、454台）。これらの結果は、「リーフレットによる情報提供」という箇

図3　千川駅周辺の放置駐輪（06年4月撮影）

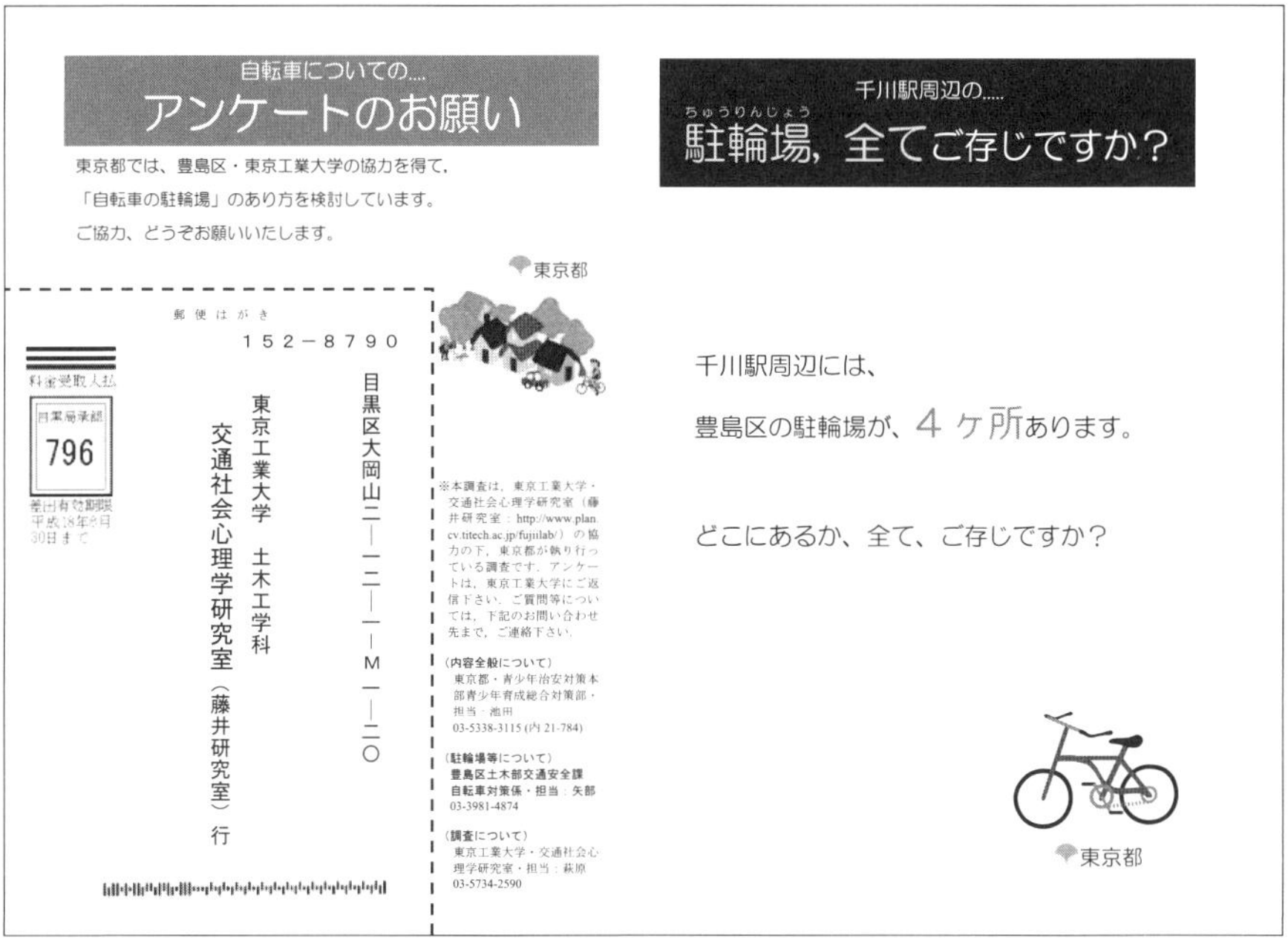

図４　配布したリーフレット（二つ折りすると外側になる面）

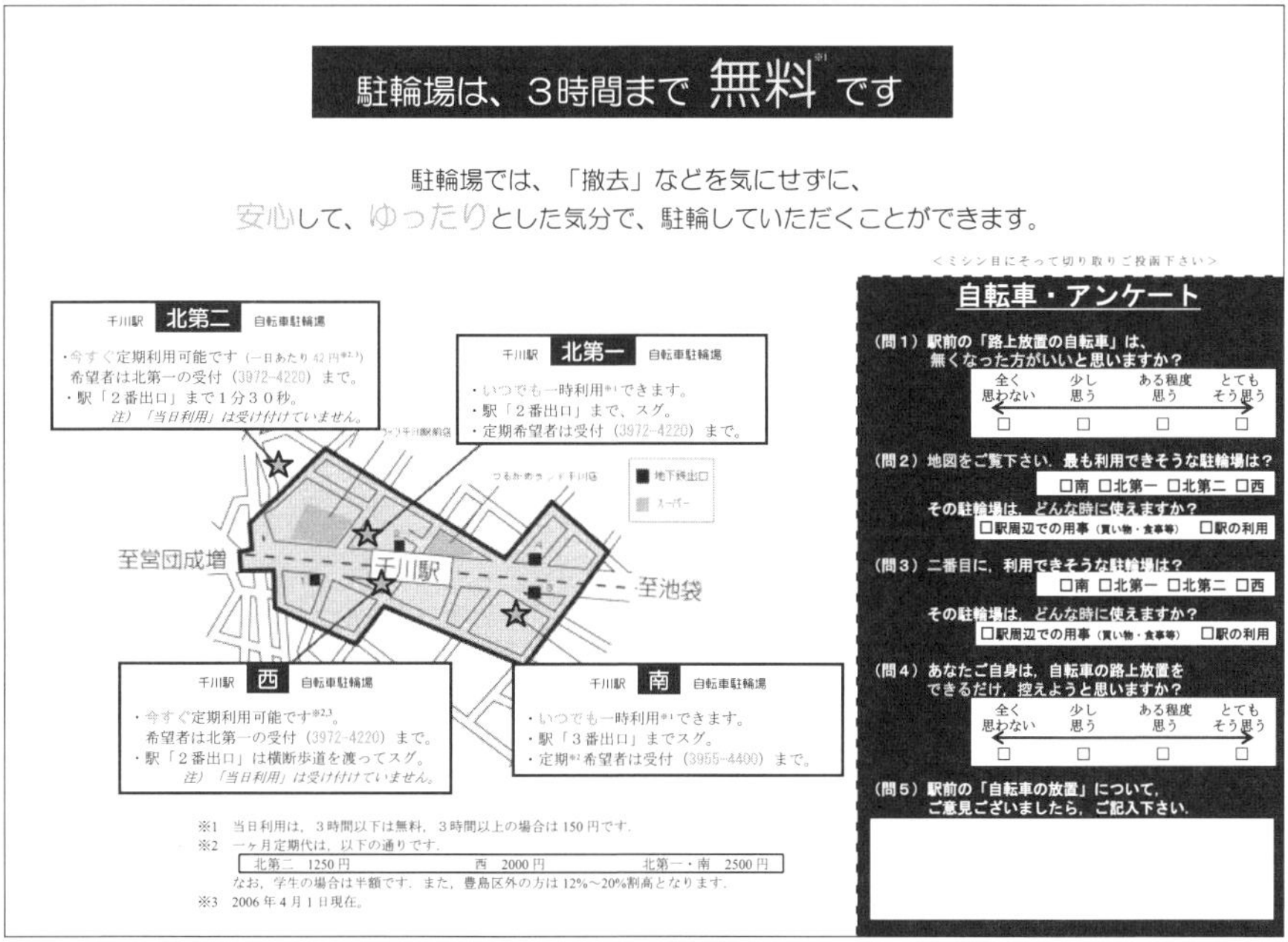

図５　配布したリーフレット（二つ折りすると内側になる面）

易な手法でも、工夫次第で放置駐輪の行動変容が十分に見込めることを示唆している。

「コミュニケータ」による情報提供と誘導

羽鳥ら[注3、4]は、先に述べた千川駅周辺の取り組みを踏まえつつ、「コミュニケータ」と呼ばれる人が実際に放置駐輪を行おうとする人とフェイス・トゥ・フェイスでコミュニケーションをはかることによって放置駐輪を抑制しようとする取り組みを、東急東横線都立大学駅周辺、JR赤羽駅周辺で行った。

この取り組みでは、先に述べた千川駅と同様の「リーフレット」を作成したうえで、「コミュニケータ」がリーフレットを持ちながら放置駐輪者に声をかけてコミュニケーションを図った。この「コミュニケータ」は、どこの所属の、どのような任務を持ったものであるかが一目で分かるようにするため、左胸に自転車のイラストと実施主体である東京都、区のロゴや名称が入った蛍光緑色のジャンパーを着用するとともに、東京都の腕章を身に付けている。そして、以下のような手順で、放置駐輪者とコミュニケーションを行っている。

①まず放置駐輪者に対して挨拶する
②次にリーフレットを見せ、その地点から駐輪場までの経路、所要時間を説明する
③そのうえで「もしよろしければ、そちらをご利用ください」と言って駐輪場への誘導を行う
④そして「よろしければお時間のあるときに目を通してください」と言ってリーフレットを渡す
⑤最後に「都立大（もしくは赤羽）の駐輪場、またよろしくお願いいたします」と言ってコミュニケーションを終了する

図6　リーフレットを配布する様子

ここでポイントとなるのは、コミュニケータはあくまで「情報提供と誘導」を行っているのであって、放置駐輪を禁止したり、駐輪場への移動を指示したりする「指導員」ではない、という点である。放置駐輪者を決して「非難」せず、「指導」もせず、放置駐輪者の個々の事情にも配慮しつつも、あくまで情報提供と誘導を行う、という「説得的コミュニケーション」の姿勢を徹底するようコミュニケータには強く教示されているのが本取り組みの特徴である。

このような取り組みにより、都立大学駅周辺や赤羽駅周辺では、時間帯にもよるが数パーセントから2割程度、放置駐輪が減少したという効果が報告されている。

街路景観の改善

街路景観はその景観に関わるすべての人の意識や行動によって規定されているものである。だからこそ、「景観改善」の本質的な問題解決には、人々の行動変容を期待することが不可欠である。たとえば商店街の街路景観には、行政のみならず商店街組合、ビルオーナー、商店主、買物客、(通過する)歩行者等、さまざまな人々の振る舞いが関わっている。なかでも、個々の看板や陳列物の意匠を決める商店主の意識と行動は、街路景観に大きな影響を及ぼすことが予想される。ただし、景観改善行動には、看板の変更や店舗壁面の意匠変更等、大規模で費用のかかる行動から、落書きを消す、店先にある不要な張り紙や廃棄物を撤去する等、比較的容易にできる行動まで幅広いものがある。まずは景観に対する意識を高め、容易にできることを自発的に行ってもらうことを目指すべきである。それが積み重なればその街路景観は着実に改善に向かうこととなり、大規模な景観改善行動にもつながる可能性があると考えられる。本節では、商店主の自発的な景観改善行動の誘発

注5　香川太郎、谷口綾子、藤井聡「商店主の景観改善行動に対する態度変容に向けた心理的方略の研究」『土木計画学研究・講演集』(CD－ROM)37巻、2008年

注6　天野真衣、谷口綾子、藤井聡「社会実験を通じた自発的街路景観変容に関する研究—自由が丘しらかば通りを事例として」『景観・デザイン研究論文集』9巻、73～82頁、2010年

事例として、東京、自由が丘のしらかば通りにおける取り組みを紹介する。注5、6

しらかば通りは、東急自由が丘駅前ロータリーへと接続する全長約100メートル、幅員約4メートルの歩行者優先道路であり、平日・休日を問わず多くの歩行者で賑わう商店街である。まず、この通り沿いに店舗を構える商店主に対し、商店街組合を通じて①動機づけ冊子（無秩序な色・様態の看板・陳列物をCGによって秩序立てた街路景観改善イメージ写真（図7）と、それに対する学生の景観評価を掲載、図8）、②各店舗における景観改善可能な要素を抽出した写真群（落書き、不要な段ボール、無秩序な陳列、派手な色合いの看板等）と、その改善可能性を検討すること（行動プランの策定）を要請したコミュニケーション・アンケート（図9）を配布し、回答を要請した。

コミュニケーション・アンケートは、各店個別に作成し、自店が所有する対象物に対する具体的な取り組みに関して問うよう設計されている。設問は、まず「(あなたが所有する）対象物の改善策として、何かできそうなことはありますか？」と対象物の具体的改善方法を問う設問とし、回答選択肢は「撤去」「デザインの変更」「その他具体的な方法」「どの方法も実行できない、もしくは、景観に悪影響なものとは思わないので実行しない」等とした。また、この問で何らかの改善策を選択した際、その選択した対応をいつくらいに実行できそうかを答えてもらう問を設けた。

その結果、商店主らの「景観」や「景観改善」に対する意識が向上し、そのことが看板やのぼりを控えたり、路上の陳列商品を後ろに下げたりするような軽微な景観改善行動を導きうることが示されたと報告されている。

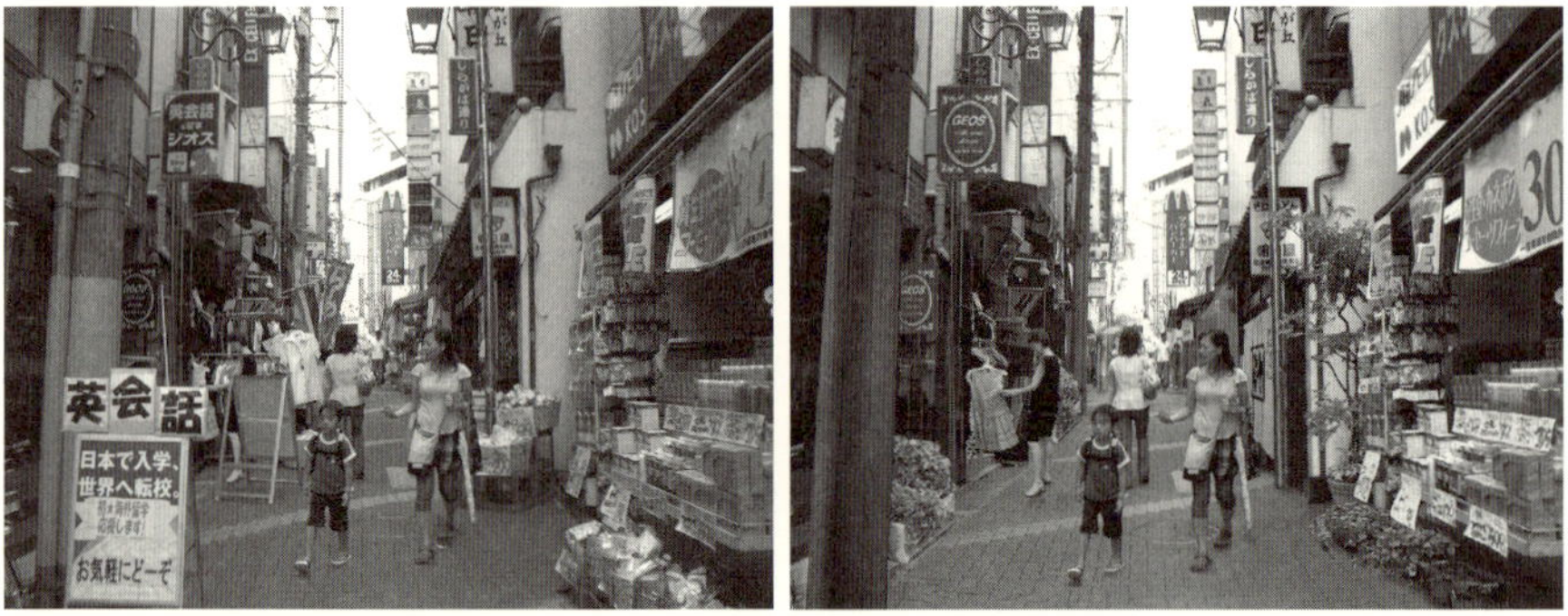

図7　しらかば通りの現状写真（左）と道路専有物撤去イメージ写真（右）
※実際には上記以外に看板や陳列物の色調を寒色系、暖色系に変更した写真に対する評価も行っている。

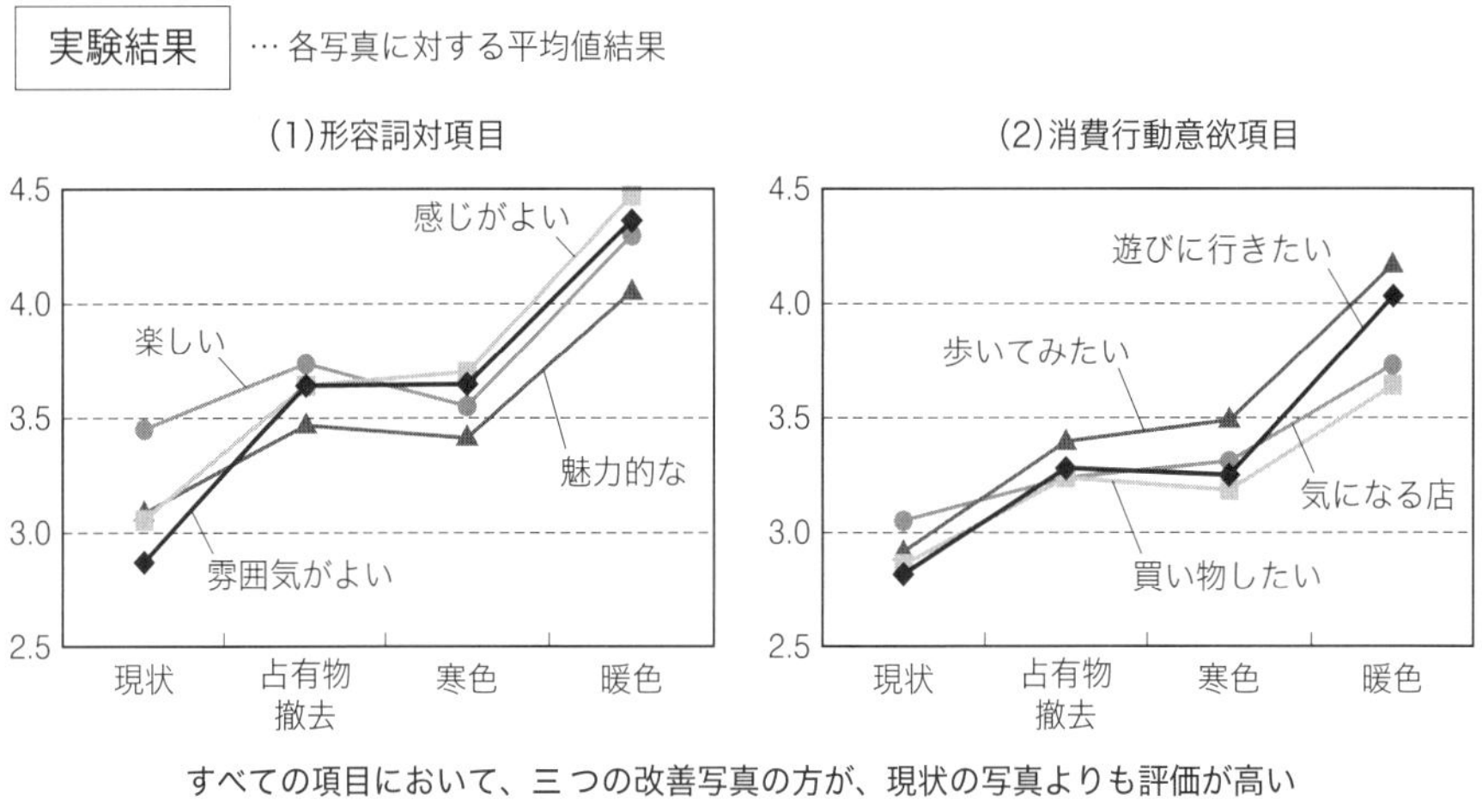

図８　商店主への動機付け情報（図７に対する学生評価の集計結果）

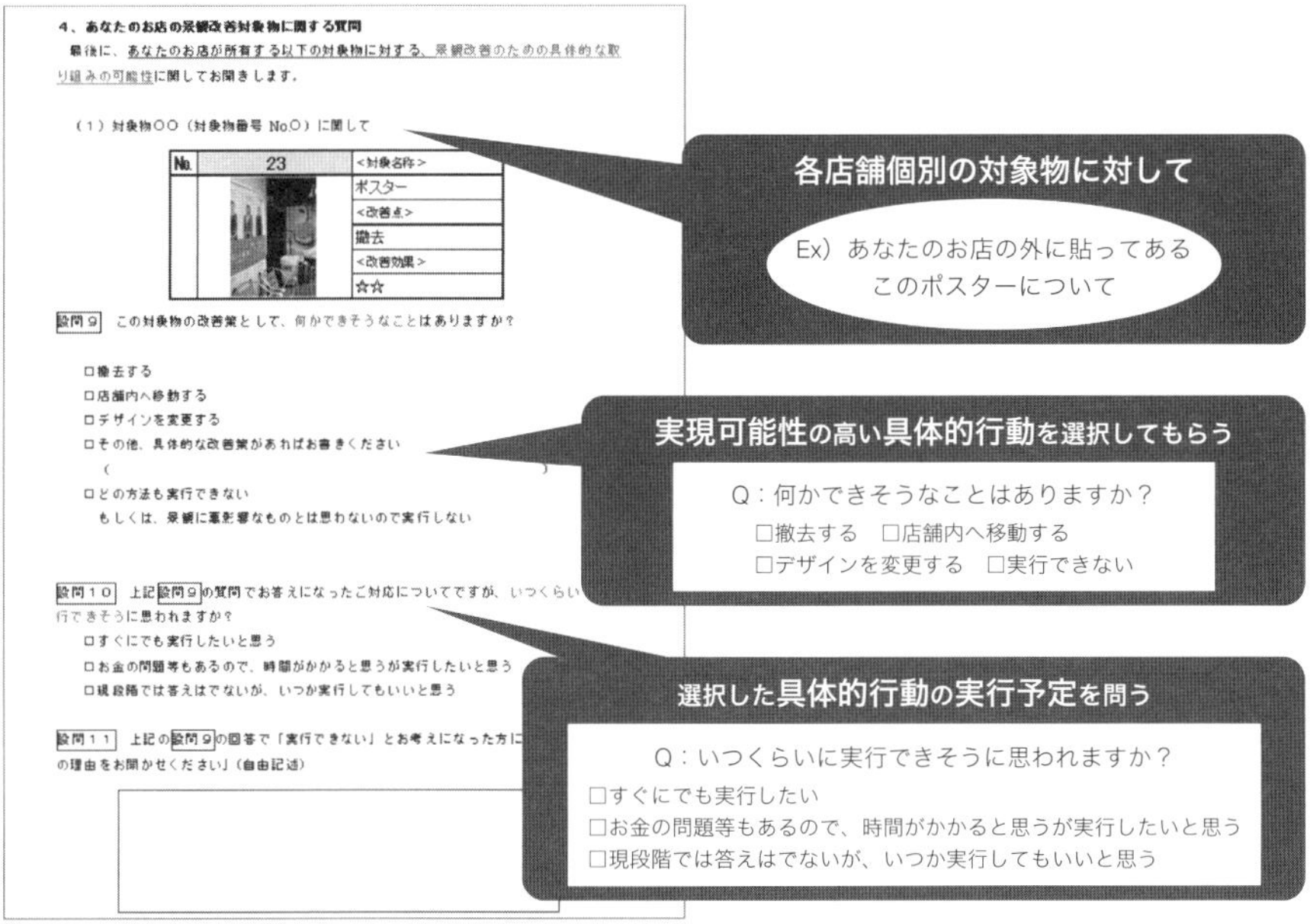

図９　商店主向け・行動プラン票

災害避難行動の誘発　——土砂災害避難のリスク・コミュニケーション

災害に備え、平常時にさまざまな対策を講じることの重要性は、国民のほとんどが理解していよう。しかし、頭で理解していてもなかなか実行できないのもまた事実である。たとえば、地震への備えとして、家具を壁や天井に固定する、地震保険に入る、耐震工事を行うなどの対策があるが、よほど強い動機づけがなければ、一般の人々には実行難易度が高いのではないだろうか。こうして皆が地震の対策を怠っていると、その社会は脆弱なものとなる一方で、皆が少しずつでも時間と費用を割いて地震対策をすれば、その社会は災害に対し強靭なものとなる。このように「災害に備える」という行動は、社会的ジレンマの構造を持つのである。自動車に起因する社会的ジレンマを緩和するために開発されたMMの諸技術は、「災害に備える」行動を誘発する施策にも十分応用できる。本節では、土砂災害避難行動の誘発を目的としたリスク・コミュニケーションの事例を紹介する。

土砂災害は大雨や地震などにより地盤が崩壊・滑落して起こる災害であり、水位増加が見える洪水などと異なり、突然起こることから予測がむずかしいことでも知られている。07年度より全国で運用が開始された土砂災害警戒情報においては、①気象注意報や警報・避難勧告等、他の防災情報と土砂災害警戒情報の意味や役割分担が住民に周知されていない、②土砂災害警戒情報が避難行動に結びついていない、といった課題が指摘されている。土砂災害の避難行動誘発を目的としたリスク・コミュニケーションとしては、これまでにも精力的な取り組み事例があるものの、行政施策として全国で広範に実施可能なプログラムはいまだ開発されていない。谷口ら[注7]は、土砂災害の防災・減災を目的とした平常時のリスク・コミュニケーションとして、行政施策としての大規模実施を見据え、交通分野における知見を応用し、①適切な動機づけ、②分かりやすい情報提供、③アンケー

注7　谷口綾子、藤井聡、柳田穣、小山内信智、小嶋伸一、伊藤英之、清水武志「土砂災害の避難行動誘発のための説得的コミュニケーション・プログラムの開発と効果検証」『土木計画学研究・講演集』（CD－ROM）39巻、2009年

トを活用した行動シミュレーション（行動プラン策定）、で構成されるプログラムを開発し、高知県土佐町の住民を対象として適用した。

具体のプログラムは、土佐町役場の防災担当者の「すでに住民に避難場所を周知済みであるが、その避難場所の安全性確保もまた課題となっており、住民の「自主避難」を推進したい」という意向を受け、土砂災害避難の対処行動を表1のA～Eとし、これらを誘発するコミュニケーション・プログラムを構築している。

コミュニケーションは、アンケート形式により以下①～④を自治会組織を介して世帯に配付するという方法で行った。

①コミュニケーション・アンケート：表1のA～Eを誘発するアンケート（図10）。このなかに「大雨土砂崩れ等　緊急カード」が含まれており、記入後、ミシン目で切り取ってドアや冷蔵庫に貼ることを要請している。

②ハザードマップ：高知県作成のハザードマップを元に、おのおのの居住地域に該当する分かりやすい土砂災害危険エリアマップを作成し、コミュニケーション・アンケートにはさんで配布。

③動機づけ冊子：土砂災害の危険性を分かりやすく伝えるための冊子。

④マグネット：「大雨土砂崩れ等　緊急カード」を貼るためのもので、1世帯あたり1個配付。

08年9月に土佐町の一部住民を対象に上記コミュニケーションを実施し、約半年後に事後アンケート調査による効果計測を行ったところ、コミュニケーションを行った住民は土砂災害避難に向けた意識が向上していることが示されている。また、約3割の人が半年後にも「大雨土

表1　プログラムで誘発する対処行動

A	土砂災害の被害に遭う可能性があるかどうかを考えてもらう
B	土砂災害の被害に遭う可能性がある親戚・友人がいるかどうかを考える →その電話番号をメモに書く
C	土砂災害時の自主避難先を考えてもらう →それを、メモに書く
D	土砂災害時の自主避難時に、役場に電話する →メモに書いておく
E	土砂災害時に、自主避難してもらう

砂崩れ等　緊急カード」を家の中に貼っていることも明らかになった。

災害避難促進に向けたリスク・コミュニケーションの行動変容効果は、実際に災害が起こらないと示すことができない。しかし、少なくともこのプログラムでは、行動変容の前段階のプロセスに不可欠な意識の向上効果が示されたことで、その有効性が示されていると言える。

ＭＭの展開可能性

以上、モビリティ・マネジメントのために開発され、心理学等の知見を応用しつつデザインにも配慮するなど洗練されてきた技術は、他のさまざまな都市問題、社会問題に対しても有効である可能性が示されている。社会的ジレンマ構造を持つ社会問題に対処するためには、インフラ整備と料金施策、法的規制が必要であると同時に、モビリティ・マネジメントに代表される人々の行動変容を促し、補強するためのソフト施策が不可欠である。今後も、多種多様な社会問題へのＭＭ技術の応用とその問題緩和を期待したい。

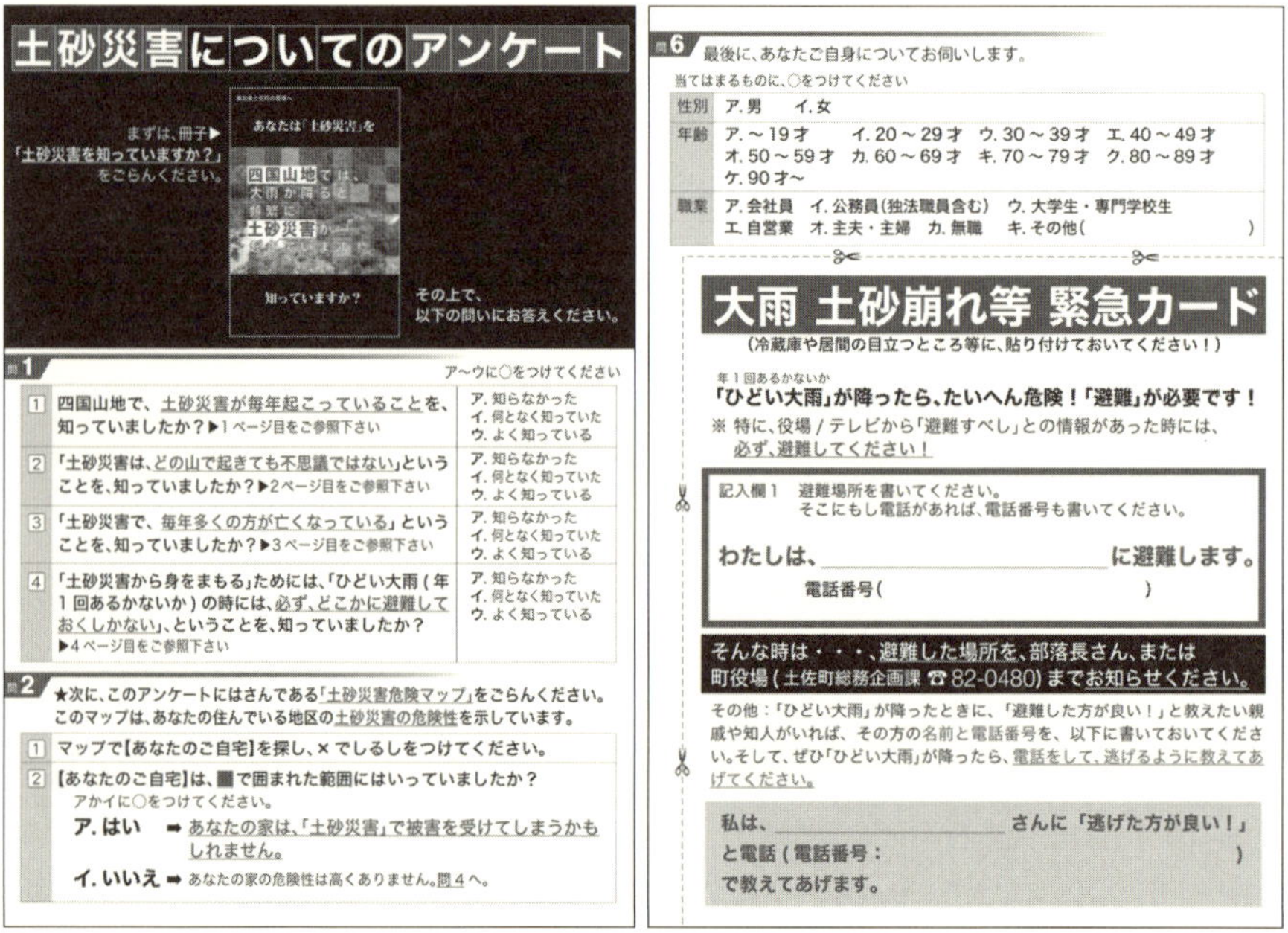
土砂災害についてのアンケート

まずは、冊子▶「土砂災害を知っていますか？」をごらんください。

あなたは「土砂災害」を
四国山地では、大雨が降ると頻繁に土砂災害が
知っていますか？

その上で、以下の問いにお答えください。

問1　ア～ウに○をつけてください

1	四国山地で、土砂災害が毎年起こっていることを、知っていましたか？▶1ページ目をご参照下さい	ア．知らなかった イ．何となく知っていた ウ．よく知っている
2	「土砂災害は、どの山で起きても不思議ではない」ということを、知っていましたか？▶2ページ目をご参照下さい	ア．知らなかった イ．何となく知っていた ウ．よく知っている
3	「土砂災害で、毎年多くの方が亡くなっている」ということを、知っていましたか？▶3ページ目をご参照下さい	ア．知らなかった イ．何となく知っていた ウ．よく知っている
4	「土砂災害から身をまもる」ためには、「ひどい大雨（年1回あるかないか）の時には、必ず、どこかに避難しておくしかない」、ということを、知っていましたか？▶4ページ目をご参照下さい	ア．知らなかった イ．何となく知っていた ウ．よく知っている

問2　★次に、このアンケートにはさんである「土砂災害危険マップ」をごらんください。このマップは、あなたの住んでいる地区の土砂災害の危険性を示しています。

1　マップで【あなたのご自宅】を探し、×でしるしをつけてください。

2　【あなたのご自宅】は、■で囲まれた範囲にはいっていましたか？
アかイに○をつけてください。
ア．はい　➡ あなたの家は、「土砂災害」で被害を受けてしまうかもしれません。
イ．いいえ ➡ あなたの家の危険性は高くありません。問4へ。

問6　最後に、あなたご自身についてお伺いします。
当てはまるものに、○をつけてください

性別	ア．男　イ．女
年齢	ア．～19才　イ．20～29才　ウ．30～39才　エ．40～49才　オ．50～59才　カ．60～69才　キ．70～79才　ク．80～89才　ケ．90才～
職業	ア．会社員　イ．公務員（独法職員含む）　ウ．大学生・専門学校生　エ．自営業　オ．主夫・主婦　カ．無職　キ．その他（　　）

大雨 土砂崩れ等 緊急カード
（冷蔵庫や居間の目立つところ等に、貼り付けておいてください！）

「ひどい大雨《年1回あるかないか》」が降ったら、たいへん危険！「避難」が必要です！
※ 特に、役場／テレビから「避難すべし」との情報があった時には、必ず、避難してください！

記入欄1　避難場所を書いてください。
そこにもし電話があれば、電話番号も書いてください。
わたしは、＿＿＿＿＿＿＿＿に避難します。
電話番号（　　　　　　　）

そんな時は・・・、避難した場所を、部落長さん、または町役場（土佐町総務企画課 ☎82-0480）までお知らせください。

その他：「ひどい大雨」が降ったときに、「避難した方が良い！」と教えたい親戚や知人がいれば、その方の名前と電話番号を、以下に書いておいてください。そして、ぜひ「ひどい大雨」が降ったら、電話をして、逃げるように教えてあげてください。

私は、＿＿＿＿＿＿＿＿さんに「逃げた方が良い！」と電話（電話番号：　　　　　　）で教えてあげます。

図10　コミュニケーション・アンケート

〈コラム〉 バスマップの必要性と効果

公共交通利用がなかなか進まない、バスに乗らない、その最大の理由は、実は「わからない」からである。どこで乗れてどこへ行けるのか、どうやって乗ったらよいのか。特に地方ではすでに大半の人が子どものころからマイカーでの移動に慣れているため、地元のバスでさえどこを走っているのかわかっていないことが多い。

ＭＭの成果によってバスが選択肢に上るようになったとして、次にもう一つ大きなハードルがある。それはバスについてのインフォメーションが脆弱で、利用に必要な情報が入手しにくいということである。まったくインフォメーションがなされていないわけではないが、誰でもすぐに入手できるようにはなっていないこと、〝分かっている〟人たちが制作しているがために、〝分かっていない〟人にとって理解できる情報にはなっていないこと、情報に統一性や連続性が考慮されていないことなどが、バスの利用にまで到達させてくれないのである。

近年は、ＩＴ技術を活用した電子情報はかなり普及している。かなりのバス事業者で時刻表がパソコン・スマートフォンなどで検索でき、半数近い事業者で運行情報を配信するようになったため、それをもってインフォメーションは充足されたと判断される傾向にあるが、果たしてそうだろうか。電子情報にも前記の問題がそのまま当てはまるほか、事業者によって検索方法や情報量にバラつきがあり、それなりの知識がないと検索がうまく進められないケースが少なくない。

そうしてみると、紙媒体による情報はアナログで前近代的に見えるが、使い勝手の面で秀でていると言え、誰にでも活用でき、一覧性や携帯性の面でも優れている。近年は事業者サイドに加え、行政や市民ベースのバスマップへの取り組みが目立ち始めた。これらは予算（資金）などによって継続性の課題を抱えることもあるが、事業者の別によらない総合的な視点や、市民・利用者目線での制作ができるメリットがあり、利用促進につながる可能性も高い。

利用者が必要とする情報とは何か、という視点も重要で、方角や距離感の把握しやすい縮尺図ベースのマップ、利用可能性が一目でわかる運行便数によってラインの太さを変える表示方法など、技術的な工夫によってより効果を高めることも可能である。副次的だが、デザイン的に優れたバスマップは見ているだけでも楽しいものである。

〈コラム〉 モビリティ・マネジメントとデザイン

銀行や駅、公共施設など、数多くのチラシやポスターがあるなかで、みなさんはどんな情報に目をとめるだろうか？　すべての情報を確認して価値ある内容を探すだろうか？　とてもそんな時間はない。私たちは普段から自分が受け取るメッセージを無意識に選んでいる。つまり、メッセージの内容にどれだけ価値があっても、受け取ってもらえなければ、コミュニケーションが成立しないのだ。モビリティ・マネジメントはコミュニケーションを中心とした交通施策であるため、まずはコミュニケーションを受け取ってもらうことが大切なのである。

そのために気を留めていただきたいのが「デザイン」である。デザイン、と聞くと意匠を凝らした美しさや奇抜さを思い浮かべる方もいるかもしれない。もちろん、見た目を洗練させ、「惹きつける」デザインであるに越したことはない。とくに一般に広く情報を伝えたり、幼児や児童にメッセージを伝えたりするには、意匠を工夫することが効果的である。ただし、モビリティ・マネジメントではニュースレターやチラシ、アンケートなど、準備にあまり時間をかけることができないツールも多く用いる。そんな時でも意識していただきたい、「受け取る」「伝わる」デザインのツボをご紹介したい。

○メッセージを吟味して整理する

メッセージの受け手を思いやり、どんなメッセージが伝わるか、整理することが重要である。最初に目にする言葉が分かりにくかったり、自分に向けて発せられているコミュニケーションであるかどうかが分からないと、伝わりにくくなってしまう。単語や文章そのものだけでなく、文字の大きさや囲み、余白の使い方によるメッセージの強弱も重要である。伝わらないコミュニケーションはメッセージが洗練されていないことが多いのだ。

○統一感を意識する

統一感がないデザインは、視線が分散してしまいがちである。色やフォント・レイアウトに統一感のあるデザインは、読みやすくて分かりやすいだけでなく、コミュニケーションそのものや発信者に対する感じの良さや信頼感をもたらす。複数のツールに統一感をもたらすことでブランディングにもつながる。

○コンセプトや対象に沿った色・イメージ・レイアウト

大人向けなのに子どもっぽい賑やかなレイアウト、イメージにそぐわない色使いなどは逆効果である。コミュニケーションの対象や季節に沿ったデザインは「自分へのコミュニケーションだ」と気づいてもらうのに役立つのだ。

分かりやすいチラシやポスター、冊子を目にしたらぜひ観察してみて欲しい。初心者・非デザイナー向けのデザイン書籍なども参考になるだろう。

【例】パーク・アンド・ライドのチラシ（福岡市）

下の図は、福岡市の「パーク・アンド・ライド」のチラシである。以前はAのチラシを使っていたが、現在はデザインを工夫したB・Cのようなチラシを使用している。先に紹介したデザインのポイントに沿って紹介する。

○メッセージの整理

Aのチラシは、「パーク・アンド・ライド」「社会実験」など一般的ではない言葉が目立っていた。改善後は分かりにくい言葉は省かれるか、詳しく知りたい人向けに文字サイズが小さく変更された。また、「利用者募集！」という一方的な情報提供から、「便利なので使ってください」という依頼型のコミュニケーションに変更され、余白や囲みを減らすなどして視線を誘導するレイアウトになった。

○統一感

Aは統一感のない配色やフォントでごちゃごちゃした感じを受けるが、B・Cは統一感があり、すっきりした印象になった。

○コンセプトにあったデザイン

イラストや写真は一目でイメージや内容などを伝えられるときに効果的である。Aで用いられているイラストは賑やかさをもたらしていたものの、自動車利用者やパーク・アンド・ライドのイメージとは少しずれてしまっていた。B・Cではパーク・アンド・ライドの仕組みを示すものに変更され、内容がイメージしやすくなった。また、メッセージにも「通勤・通学」という言葉が追加され、コミュニケーションの受け手が明確になり、伝わりやすくなった。

図　福岡市の「パーク・アンド・ライド」のチラシ（左からチラシA、チラシB、チラシC）

〈コラム〉 欧州におけるモビリティ・マネジメント

ECOMM（European Conference of Mobility Management）とは、欧州におけるMMに関する情報を交換し、知見・知識を広めることを目的とした会議である。1997年のアムステルダム会議にはじまり、加盟各国の持ち回りで年1回開催されており、毎年、欧州各国から300～400名のMMの実務者や専門家が参加している（参加者の内訳は、たとえば、14年のフィレンツェ会議では、6割弱を民間が占め、その他は地方都市関係者が3割、政府関係者、大学関係者が各1割となっている）。

ECOMMは開催地の特色を生かしたエクスカーション、基調講演、展示、50～80編の口頭発表、ワークショップ等から構成される3日間のイベントであり、毎回メインテーマ、サブトピックが設定されており、そのときどきのテーマに応じて幅広く集中的な情報交換が行われている。ECOMMの質の高い議論や継続的な改善は欧州におけるMMのプラットフォームであるEPOMM（European Platform on Mobility Management）によって管理されており、たとえば、10年のグラーツ会議では20枚のスライドを20秒ごとに切り替えながら、明快で魅力的なプレゼンテーションを行う〝Pecha Kucha〟と呼ばれるプレゼンテーション形式が試行され、翌年以降の会議でも採用されている。

近年のECOMMにおける議論の動向を公式サイト※から参照する。

09年のサンセバスチャン会議では、「MMの費用対効果と評価」をメインテーマとして、MMプログラム評価のためのガイドラインや、MMの標準的な評価について報告がなされた。またサブテーマには、自転車やレジャーなど、自動車抑制策に留まらず、ライフスタイル全般にフォーカスされ始めた点が特徴である。

10年のグラーツ会議では、「歴史的街区（Historical Centers）」「再開発地区（New Districts）」といったキーワードが現れ、都市の特性や規模に応じたMMの役割に関する議論や、世代にも焦点が当てられ、活動的な高齢者が増加する社会におけるMMの役割についても議論がなされた。

11年のトゥールーズ会議では、世界的な金融危機を背景として、限りある財源のなかで効率的なMMを推進すべく、MMの財源や費用対効果の観点から評価手法に関する議論がなされた。たとえば、MMの過程を評価する手法として、スウェーデンの4都市（Lund, Umea, Varberg, Helsingborg）で行われたMMに対するMaxQという評価手法が紹介された。MaxQ とはMMのプロセスを評価するシステムであり、

①理念(Policy)、②戦略(Strategy)、③実施(Implementation)、④モニタリングと評価(Monitoring & Evaluation)という四つの観点ごとに、2～4の要素を設け、要素ごとに10項目以下の質問が用意され、それらの質問に回答することで、プロセス評価ができる仕組みとなっている。

12年のフランクフルト大会では、MMの新たな可能性として、e－モビリティに関する議論が盛んに行われた。ワークショップでは、若い家族への持続可能なライフスタイルの促進方法や、障がいを持つ人々の移動を支援する情報提供システムに関する議論がなされた。

13年イェヴレ大会では「かしこいモビリティの選択」をキーワードに、カーシェアリングやカープーリング、情報技術の活用策等の議論が交わされた。

14年のフィレンツェ大会のメインテーマは「生き生きとした公平で豊かなモビリティへの橋渡し」であり、近年の持続可能な都市モビリティ計画（SUMP）において、いかにMMを位置づけていくか、というテーマでデンマークの都市計画の専門家による講演がなされた。

欧州におけるMMの特徴として、ソフト、ハード施策を区別することなく、より大きな枠組みで、キャンペーンを中心とした大規模なMMが展開されている点が挙げられる。これは、MMの導入の背景が日本とは異なることに加え、MMの予算規模の違いが影響しているものと考えられる。すなわち、欧州は、国家的施策としての大規模な予算付けがなされている一方、国内の特に地方都市においては、担当者の試行錯誤によって、補助金等を活用しながらプロジェクトが推進されているのが現状である。こうした課題を受け、14年の国土交通省環境行動計画（14－20年）において、今後推進すべき環境政策の4分野の中に、低炭素社会を支えるライフスタイルへの変容を促す政策としてMMが位置づけられており、国内におけるMMの更なる発展が期待されるところである。

※EPOMM公式サイト
http://www.epomm.eu/index.php

図　ECOMM　2011年の様子

索引

編者

藤井聡（ふじい・さとし）　京都大学大学院工学研究科（都市社会工学）教授、京都大学レジリエンス研究ユニット長、ならびに第二次安倍内閣内閣官房参与（防災・減災ニューディール担当）。1968年生まれ。京都大学卒業後、スウェーデンイエテボリ大学客員研究員、京都大学助教授、東京工業大学教授等を経て現職。専門は都市計画、国土計画、経済政策等の公共政策論および実践的人文社会科学研究。著書に『大衆社会の処方箋』『巨大地震Xデー』『大阪都構想が日本を破壊する』等多数。
〈執筆担当―序章、1章、2章〉

谷口綾子（たにぐち・あやこ）　筑波大学大学院システム情報工学研究科准教授。1973年生まれ。北海道大学工学部土木工学科卒業、博士（工学）。建設コンサルタント勤務、日本学術振興会特別研究員（PD・東京工業大学）等を経て現職。専門は都市交通計画。03年都市計画学会論文奨励賞、06年第一回米谷・佐佐木賞、09年第34回交通図書賞を受賞。著書に『モビリティ・マネジメント入門』（共著）、『都市のリスクとマネジメント』（共著）等。
〈執筆担当―3章、4章、6章、コラム「不健康はまちのせい?!―スマートウェルネスの取り組み」〉

松村暢彦（まつむら・のぶひこ）　愛媛大学大学院理工学研究科教授。1968年生まれ。大阪大学工学部土木工学科卒業、博士（工学）。大阪大学工学部助手等を経て現職。専門は地域計画、土木計画。10年都市計画学会年間優秀論文賞、13年工学教育賞業績賞を受賞。著書に『モビリティ・マネジメントの手引き』（共著）等。
〈執筆担当―2章、3章、4章、コラム「JCOMM（日本モビリティ・マネジメント会議）」〉

執筆者

神田佑亮　京都大学大学院工学研究科准教授
〈執筆担当―5章、コラム「免許更新時モビリティ・マネジメント」〉

今岡和也　国土交通省総合政策局公共交通政策部交通計画課地域振興室長
〈執筆担当―コラム「エコ通勤優良事業所認証制度」〉

宮川愛由　京都大学大学院工学研究科助教
〈執筆担当―コラム「モビリティ・マネジメントに係る表彰制度」、コラム「欧州におけるモビリティ・マネジメント」〉

宇都宮浄人　関西大学経済学部教授
〈執筆担当―コラム「人と環境にやさしい交通によるまちづくりを目指して―「交通まちづくりの広場」の取り組み」〉

牧村和彦　一般財団法人計量計画研究所次長
〈執筆担当―コラム「モビリティ・マネジメントに係る人材育成の取り組み」〉

鈴木春菜　山口大学大学院理工学研究科准教授
〈執筆担当―コラム「モビリティ・マネジメントとデザイン」〉

鈴木文彦　交通ジャーナリスト
〈執筆担当―コラム「バスマップの必要性と効果」〉

執筆協力

伊地知恭右　一般社団法人北海道開発技術センター地域政策研究所（東北事務所兼任）研究員
〈執筆協力―2章〉

萩原剛　一般財団法人計量計画研究所道路・経済社会研究室研究員
〈執筆協力―6章〉

モビリティをマネジメントする

コミュニケーションによる交通戦略

２０１５年８月１日　第１版第１刷発行
２０１８年１月２０日　第１版第２刷発行

編著者　藤井聡・谷口綾子・松村暢彦
発行者　前田裕資
発行所　株式会社　学芸出版社
京都市下京区木津屋橋通西洞院東入
〒６００－８２１６
電話　０７５－３４３－０８１１

印刷　イチダ写真製版
製本　山崎紙工
装丁　齋藤綾

ISBN978-4-7615-2601-6